いちばん！の クイズ図鑑

改訂版

いちばん！の
クイズ**100**問！
いくつ答えられる
かな？

いちばん！のクイズ図鑑 もくじ

この図鑑では、生き物の大きさなどを、下のように表しています。

 **昆虫など**

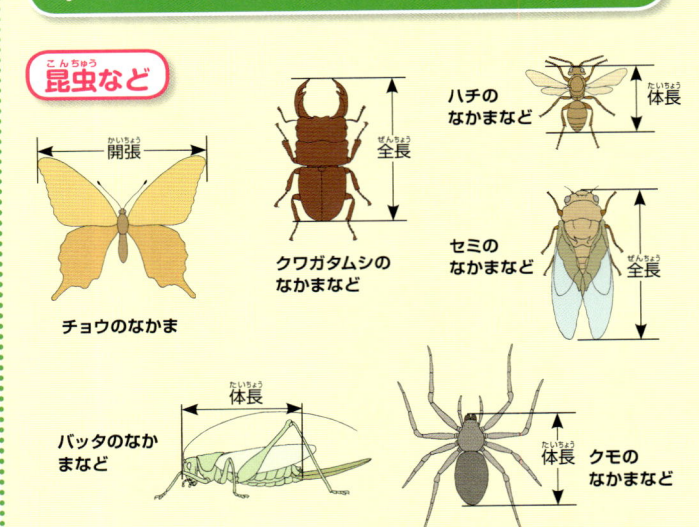

開張

チョウのなかま

全長

クワガタムシの
なかまなど

ハチの
なかまなど

体長

セミの
なかまなど

全長

バッタのなか
まなど

体長

体長

クモの
なかまなど

単位

■長さ… mmは、ミリメートルです。
　　　　cmは、センチメートルです。（1cmは、10mmです。）
　　　　mは、メートルです。（1mは、100cmです。）
　　　　kmは、キロメートルです。（1kmは、1000mです。）
■重さ… gは、グラムです。
　　　　kgは、キログラムです。（1kgは、1000gです。）
　　　　tは、トンです。（1tは、1000kgです。）

動物など

- 全長（ぜんちょう）
- 体長（たいちょう）
- 甲長（こうちょう）
- 尾長（びちょう）
- 頭までの高さ（あたままでのたかさ）
- 体高（たいこう）
- 全長（ぜんちょう）
- 体長（たいちょう）
- 殻径（かくけい）
- 甲幅（こうふく）

←鳥の翼開長（とり　よくかいちょう）は、翼（つばさ）を広（ひろ）げたときの右のはしから左のはしまでの長（なが）さです。

- ■**面積**（めんせき）… cm²は、平方（へいほう）センチメートルです。
  （1辺（べん）が1cmの正方形（せいほうけい）と同（おな）じ面積（めんせき）です。）
  m²は、平方（へいほう）メートルです。（1辺（べん）が1mの正方形（せいほうけい）と同（おな）じ面積（めんせき）です。）
  km²は、平方（へいほう）キロメートルです。（1辺（べん）が1kmの正方形（せいほうけい）と同（おな）じ面積（めんせき）です。）
- ■**体積**（たいせき）… cm³は、立方（りっぽう）センチメートルです。（1辺（べん）が1cmの立方体（りっぽうたい）と同（おな）じ体積（たいせき）です。）
  m³は、立方（りっぽう）メートルです。（1辺（べん）が1mの立方体（りっぽうたい）と同（おな）じ体積（たいせき）です。）
- ■**速さ**（はやさ）… 時速（じそく）は、1時間（じかん）に進（すす）むきょりです。

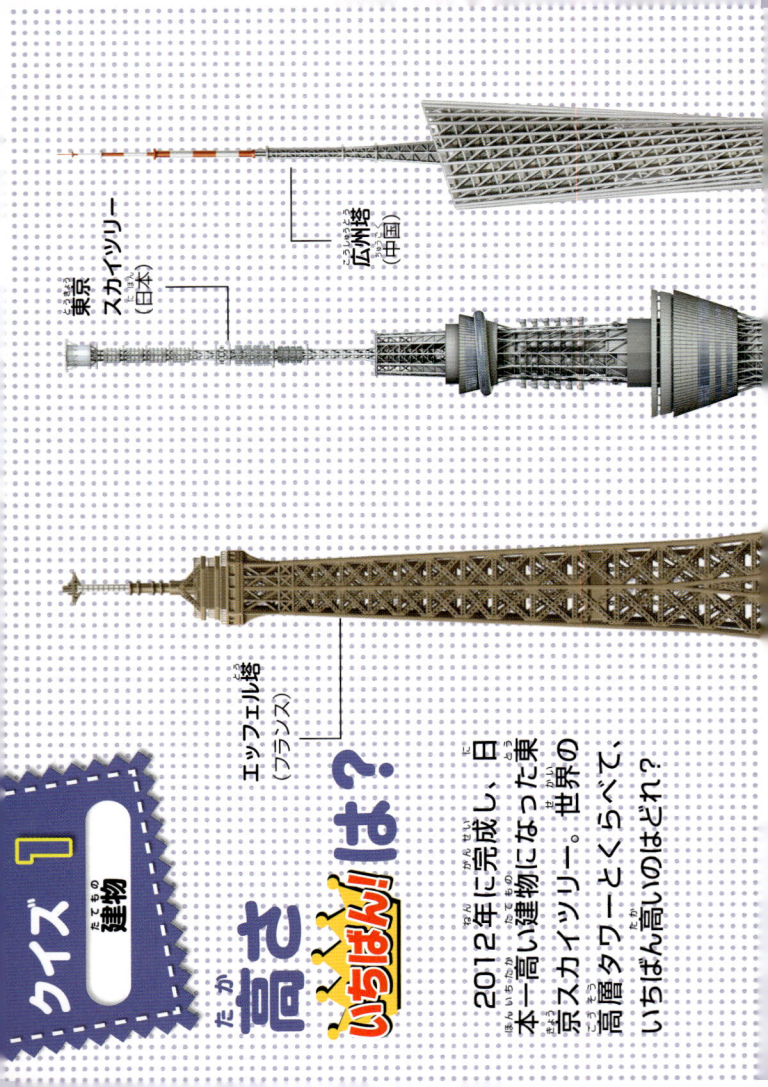

建物

高さ いちばん! は?

2012年に完成し、日本一高い建物になった東京スカイツリー。世界の高層タワーとくらべて、いちばん高いのはどれ?

東京スカイツリー（日本）

広州塔（中国）

エッフェル塔（フランス）

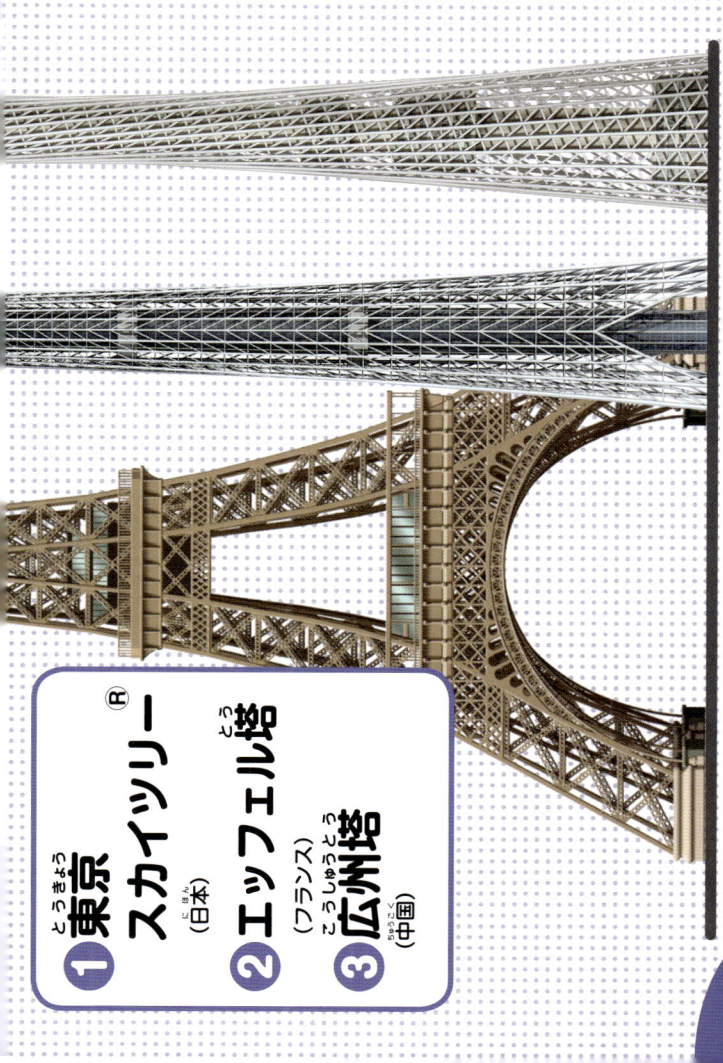

❶ 東京スカイツリー®
（日本）

❷ エッフェル塔
（フランス）

❸ 広州塔
（中国）

クイズ①の答え

高さ いちばん！
東京スカイツリー
634m

東京スカイツリーの高さは、634m。世界一高い塔（自立式電波塔）です。日本では、以前は東京タワーがいちばん高く、その高さは約333mでした。

いちばん！

東京スカイツリー
（日本・東京都）
634m

東京タワー
（日本・東京都）
約333m

広州塔
（中国・広州）
600m

エッフェル塔
（フランス・パリ）
324m

ブルジュ・ハリーファ

東京スカイツリー

世界一高いビルは、アラブ首長国連邦のドバイにあるブルジュ・ハリーファです。高さはなんと828mもあります。

明石海峡大橋（日本・兵庫県）
**主塔の高さ
約298m**

武蔵国から634m

一部の関東地方の古い呼び名「武蔵国」の「むさし」から、634mが決められました。東京には、200mをこえるビルがふえ、電波をとどけるために、600m級のタワーが必要になりました。

シロナガスクジラ
全長約34m

15mもとぶ

動物がえものにとびかかるときには、はばとびの力が必要です。動物のなかで、いちばん遠く、15mもとぶことができるのは、何でしょう。

❶ ユキヒョウ

❷ チーター

❸ キタキツネ

はばとび いちばん！は？

中央アジアの高地にすんでいるよ。

ひとっとび15m！
はばとび いちばん！
ユキヒョウ

ユキヒョウのはばとびの力は、なんと15m！ふつうの道路なら、ひとっとびでわたれます。

いちばん！には、わけがある
体がかくせないから、遠くからとびかかる

　ユキヒョウは、夏、標高2700〜6000mの高地の岩場などでくらします。ジャングルにすむトラや、草原にすむライオンなどは、植物に身をかくしてえものに近づくことができます。ユキヒョウは、岩にかくれ、遠くから、シカなどのえものに、とびかからなくてはなりません。えものをつかまえるため、生きるために、ユキヒョウは、はばとびの力を身につけたのです。

ユキヒョウ
■体長100〜130㎝
／尾長80〜100㎝
■体重25〜75kg
■分布：中央アジア

ユキヒョウ 15m	
オジロジカ 12.5m	
ライオン 12m	
トラ 10m	
オオカンガルー 10m	
ベローシファカ 10m	
ヒト 8.95m(世界記録)	
ウマ 8.2m	
イヌ(警察犬・シェパード)7.7m	
ジャックウサギ 7m	
ネコ 2.5m	

えものをつかまえたり、敵から逃げたりするのに、はばとびの力は大切です。

トラ

ユキヒョウ

時速112km！

えものをつかまえるときなどに、時速112kmもの速さで、陸上を走る動物は何でしょう。

❶ ライオン

❷ チーター

❸ イヌ

かけっこいちばん！は？

小学3年生の平均は、時速約17.7㎞だよ。

かけっこ いちばん！
時速112km
チーター

陸上のかけっこいちばん！は、チーター。いちばん！のスピードで、えものをつかまえます。

ライオン 時速64km
全身を使って、自動車なみのスピードで走ります。

ヒト（世界最速）
時速約38km
世界記録の速さです。100mを9秒58で走ります。

カバ 時速50km
短いあしをすばやく動かして走ります。

ネコ（イエネコ）
時速48km
全身を使って走ります。

ヒト（小学3年生平均）**時速約17.7km**
小学3年生の50m走の平均タイムは、男子10.01秒、女子10.38秒です。（2016年記録）

イヌ
（グレーハウンド）
時速62km
イヌのなかで、いちばん速く走ります。

ハクチョウ　時速88km
大きな翼を羽ばたかせて飛びます。

ハヤブサ
時速100km
時速300km以上で急降下できます。

いちばん！　チーター
- ■体長：112〜150㎝
- ／尾長：67〜84㎝
- ■体重：21〜72kg
- ■分布：アフリカ〜アジア南西部（イラン北部）

ダチョウ
時速72km
飛べない鳥です。鳥のなかで、いちばん速く走ります。

いちばん！には、わけがある

スピードが最大の武器

　チーターは、体もあごも小さく、ライオンやトラのように力強い狩りはできません。自分より小さなえものを、速く走ってつかまえるしかないのです。そのため、チーターの体は、軽く、全身がバネのように動きます。ネコのなかまの爪は出し入れできますが、チーターは走るために、爪は出したままです。爪がスパイクの役目をします。全身を使って走るため、速く走れるのは、400mくらいです。

泳ぎのスピード

水中を時速109㎞で泳ぐ、泳ぎのスピードいちばんは、なんという魚でしょう？　ヒトの泳ぎのスピードの世界記録は、時速約8.6㎞です。

ヒト 時速約8.6㎞
（2009年世界記録）

自由形50mの世界記録は、20秒91です。

いちばん！は？

止（と）まったり、敵（てき）をおどしたりするときは、ひれをたてるよ。

❶ ヒラメ
❷ バショウカジキ
❸ サンマ

泳ぎのスピード いちばん！

バショウカジキ

時速109km

いちばん速く泳ぐのは、バショウカジキです。速く泳ぐときは背びれをたおし、水の抵抗を小さくします。

シロナガスクジラ
時速50km
地球でいちばん大きな動物です。

カツオ
時速60km
大型の魚について回遊もします。

シャチ 時速64km
哺乳類のなかでいちばん速く泳ぎます。

トビウオ
時速86.4km
200mも飛ぶ
ことができます。

ホホジロザメ
時速70km
大型のサメです。

バショウカジキ
■全長：3.3m
■分布：日本各地
／すみか：外洋の表層
■食性：動物食

クロマグロ
時速80km
休むことなく
泳ぎ続けます。

いちばん！には、わけがある

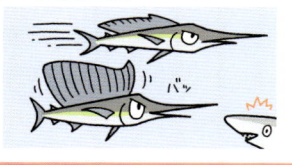

ロケットのような体形で、水の抵抗を受けにくい

バッ

カジキやマグロのなかまは、海流にのって海を泳ぎ回っています。バショウカジキは、水の抵抗を受けにくい体形です。速く泳げることは、えさをつかまえるのにも、敵から逃げるのにも役立ちます。

なんと3200m! もぐりいちばん! は?

深い深い海へ、なんと3200mももぐることができる動物がいます。もぐりいちばん! は何でしょう。

❶ マッコウクジラ

❷ キタゾウアザラシ

❸ オサガメ

深海のイカなどを
食べるために
もぐるよ。

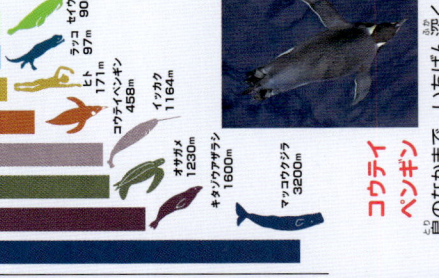

もぐる深さ

海面から深くまでもぐる動物を紹介します。それぞれえさを求めて、海にもぐります。

セイウチ 90m
ラッコ 97m
ヒト 171m
コウテイペンギン 458m
イッカク 1164m
オサガメ 1230m
キタゾウアザラシ 1600m
マッコウクジラ 3200m

コウテイペンギン

鳥のなかで、いちばん深くまでもぐります。10分間くらいもぐることができます。

クイズ 5 の答え ①

もぐりいちばん!

マッコウクジラ

深さ3200m

マッコウクジラは、深海にすむイカなどを、約1時間かけて、3200mももぐってつかまえます。

深海のイカをつかまえる

マッコウクジラは、おもに深海のイカのなかまを食べています。えさを、ほかのクジラ類と食べ分けることで、せずに生きのびているのです。深海にもぐるために、体には、いろいろなひみつがあります。

おもり、うきになる脳油

頭には、脳油という油があります。もぐるときには脳油を冷やしてかためておもりにします。浮き上がるときには、あたため、とかしてうきにします。また血液や筋肉にたくさんの酸素をたくわえることができます。

脳油袋

マッコウクジラ
■全長：10〜20m
■体重：35〜50t
■分布：世界中の海

なんと11300m！
空を飛ぶ高さいちばん！は？

いちばん高く空を飛ぶ動物は何でしょう？
その高さは11300m！飛行機よりも高く
飛ぶ動物です。

① ハクチョウ

② マダラシロエリ
ハゲワシ

③ カラス

オジロワシ
3000m

サシバ
600m

富士山
3776m

ツバメ
1800m

東京スカイツリー
634m

マダラハゲワシ
ハゲワシ
■全長1m／翼開長2.6m
■分布：アフリカ中部

高さ いちばん!

マダラハゲワシ
ハゲワシ
11300m

マダラハゲワシハゲワシが、西アフリカのコートジボワール上空で、飛行機にぶつかったことから、10000mをこえる高さを飛んでいることがわかりました。

鳥の飛ぶ高さ

- ソデグロヅル 10700m
- マダラハゲワシ 11300m
- 国際線 約10000m
- アネハヅル 8000m
- エベレスト 8848m
- 国内線 約8000m
- オオハクチョウ 8230m
- アンデスコンドル 5000m
- オジロワシ 3000m
- ツバメ 1800m
- サシバ 600m

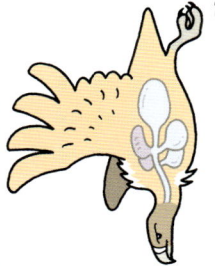

いちばんには、わけがある

空気がうすくても飛ぶことができる

マダラハゲワシは、高山で死肉をさがします。目がいいので、高いところからのほうがさがしやすいのです。しかし10000mの高さでは、空気がうすく、ヒトはほとんど呼吸ができません。鳥類は、肺のほかに気のうという空気の袋が体中にあり、ポンプのように働くので、飛ぶことができるのです。

なんとゾウ1頭分もの重さの食べ物を、1日で食べる動物は何でしょう？

ゾウ1頭分
6800kgも食べる
大食い いちばん！ は？

❶ シロナガスクジラ

❷ マッコウクジラ

❸ シャチ

全長5〜6㎝の
ナンキョクオキアミ
などを食べる。

食べるのは、ゾウ1頭分！
大食い いちばん！
シロナガスクジラ 6800kg

地球最大の動物、シロナガスクジラが大食いのいちばんです。1日に、オキアミや小魚などを6800kgも食べます。

シロナガスクジラ
■全長：25〜33m
■体重：80〜190t
　（最大全長33.58m、190t）
■分布：世界中の海

大食い動物

　体を動かすにはエネルギーが必要です。エネルギーをとるには食べる必要があります。ですから、大きな動物ほどたくさん食べなければなりません。1日の大食いいちばんは、いちばん大きな動物のシロナガスクジラ。陸生動物のいちばんは、アフリカゾウです。

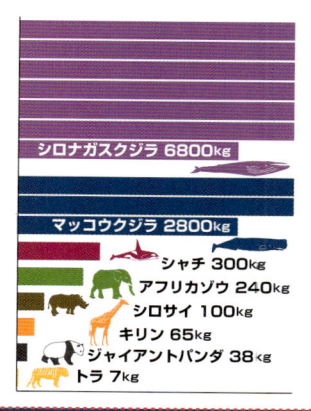

シロナガスクジラ 6800kg

マッコウクジラ 2800kg

シャチ 300kg

アフリカゾウ 240kg

シロサイ 100kg

キリン 65kg

ジャイアントパンダ 38kg

トラ 7kg

いちばん！には、わけがある

海には、陸より大量の食べ物がある

　海には陸とくらべて何倍もの食べ物があります。また、体をささえる必要がないため、たくさん食べて大きくなれるのです。シロナガスクジラはヒゲクジラです。大きな口を開け、食べ物を海水ごと飲み込み、海水だけおし出します。

なんと195cm！

角いちばん！は？

はばが最大195cmにもなる、
いちばん大きな角をもつ動物は、
一体何でしょう？

① キリン
② ヒツジ
③ ヘラジカ

角いちばん！ヘラジカ
195cm

角がいちばん大きいのは、ヘラジカ。はばは、最大195cmもあり、重さは2本で30kg以上になります。

家畜の角いちばん！は、ワッシーウシ（ラーチ）

　家畜でいちばん大きな角をもつものは、ウシのワッシー種です。最大のものは、角の回りが95㎝、長さは2本合わせて220㎝にもなります。

いちばん！には、わけがある

めすをひきつける、強さのしるし

　ヘラジカの角は、おすだけにあります。角は、おす同士の戦いに使われますが、強さのしるしでもあります。大きな角をもっているものが強いとされ、めすをひきつけます。

ヘラジカ
■体長：240〜310㎝
／体高：165〜235㎝
■分布：アジア、ヨーロッパ、北アメリカ

大きなもので、長さ3m以上、重さが2本で約130kgもある、最大のきばをもつ動物といえば？

長さ3.48m！
きば いちばん！ は？

アフリカで、群れでくらす動物だよ。

❶ イッカク

❷ セイウチ

❸ アフリカゾウ

おすにもめすにもきばがあります。上あごの門歯がのびたもので、一生のび続けます。

きば いちばん！
アフリカゾウ
長さ3.48m

アフリカゾウは、きばを武器として戦ったり、地面をほったりします。しかし、いちばんの役割は、群れのリーダーのしるしです。

ヒトの子ども
身長約1.2m。

アフリカゾウ
■体長：540〜750cm／体高320〜400cm
■体重：5800〜7500kg
■分布：アフリカ（サハラ砂漠より南）

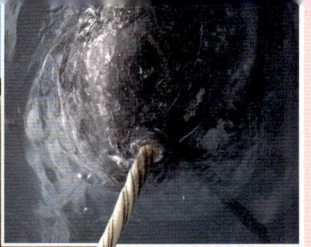

→
カバ 長さ1.14m
大きなきばのおすが、群れのなかでのリーダーです。口を大きく開けて、きばをじまんします。

イッカク 長さ2.92m
上あごの先の左側の歯がのびたものです。北極海などに群れでくらします。

←セイウチ
長さ0.93m
　おすだけにある上あごの大きなきばは、群れのリーダーのしるしです。北アメリカなどにすみます。

バビルサ 長さ0.67m
おすの上あごの犬歯は、ひふを突き抜けて上に飛び出します。インドネシアにすむイノシシのなかまです。

いちばん！には、わけがある

きばはリーダーのしるし

　アフリカゾウは、リーダーのめすと数頭のめす、子どもの群れでくらします。大きなきばには、リーダーを決める役割があります。大きなきばのリーダーがいることで、群れが守られ、命が守られているのです。

186年も生きる！

❶ アルダブラゾウガメ

長生きいちばん！は？

日本人女性の平均寿命は約87さいです。

186年も生きた記録がある、動物の長生きいちばんは何でしょう？
長生きの鳥や、ゾウよりももっと長生きな動物です。

❷ ハリモグラ　❸ ムカシトカゲ

2人分生きる186年
長生き いちばん！
アルダブラゾウガメ

　いちばん長生きする動物は、アルダブラ諸島にすむアルダブラゾウガメです。

　最高記録は186年。ヒトなら2回生きられるくらいの長さですね。

※2019年2月現在の記録です。

動物が生きる長さ

アルダブラゾウガメ	186さい
キバタン	121さい
ムカシトカゲ	120さい
シロナガスクジラ	116さい
ヒト	87さい（2017年日本人女性）
ダチョウ	80さい
アジアゾウ	80さい
オランウータン	58さい
オオサンショウウオ	55さい
ハリモグラ	49さい
イヌ	29.5さい
トラ	26さい

アルダブラゾウガメ
- 甲長：120cm
- 分布：アルダブラ諸島

いちばん！には、わけがある

大きくて、敵がいないから長生きできる

　哺乳類などでは、だいたい大きな動物ほど長生きです。爬虫類や両生類も同じように大きなものほど長生きするけいこうがあります。

　アルダブラゾウガメがすんでいるアルダブラ諸島には、カメをおそうような敵がいないのも、長生きできる理由のひとつです。

※カメの長生きの記録は、いくつかの説があります。

ニワトリの卵20個分！

本当の大きさだよ。

ニワトリの卵 いちばん！ は？

ニワトリの卵約20個分の、長さ20cmにもなる卵を産む動物は何でしょう。

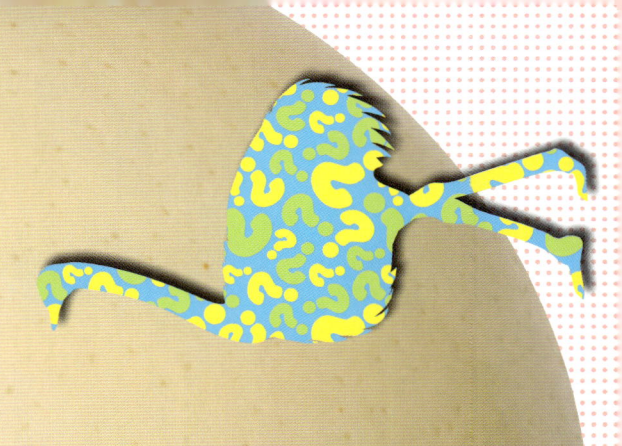

1 エミュー

2 ダチョウ

3 コウテイペンギン

ダチョウ
長径20cm

アフリカにすむ大きい飛べない鳥です。卵の重さは1.2kgです。

いちばん！には、わけがある
最大の鳥たから卵も最大

からがある卵を産むのは、ふつう爬虫類、鳥類です。どれも体の大きさにあった卵を産みます。ダチョウは、いちばん大きな鳥で、卵の大きさもいちばんです。大きな卵は割れやすそうですが、ダチョウの卵は、からのあつさが約2mmもあるので、ヒトの大人がのっても割れません。

卵 いちばん！
ダチョウ
長さ20cm

いちばん大きな卵を産むのは、ダチョウ。長さは約20cm、重さは約1.2kgもあります。卵焼きにしたら、20人分にもなります。

コウテイ
ペンギン
長径10cm
南極大陸にす
むいちばん大き
なペンギンです。

ドバト
長径5cm

スズメ
長径2cm

卵はすべて
本当の
大きさ
だよ。

エミュー
長径14.5cm
オーストラリアにすむ、
飛べない鳥です。卵の重
さは、500gです。

300000000
産（う）む卵（たまご）の数（かず）

一度（いちど）に産（う）む卵（たまご）の数（かず）は、なんと3億（おく）〜7億（おく）個（こ）！

こんなにたくさんの卵（たまご）を産（う）む魚（さかな）は何（なん）でしょう？

❶ マンボウ

❷ ウナギ

❸ ブリ

〜700000000！

いちばん！は？

大きなものは、
全長3m以上に
なるよ。

産む卵の数 いちばん!

マンボウ

300000000〜
700000000!

マンボウは、尾びれでなく、舵びれをもつ、めずらしい魚です。日本の人口は約1.2億人ですから、一度に大変な数の卵を産みます。

卵を産む数

魚などは、多くの卵を産み、子孫を残そうとします。

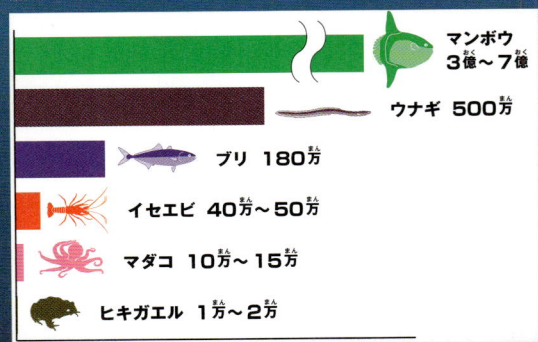

マンボウ 3億〜7億

ウナギ 500万

ブリ 180万

イセエビ 40万〜50万

マダコ 10万〜15万

ヒキガエル 1万〜2万

いちばん！には、わけがある

より多くの子孫を残すため

　魚は、多くの卵を産みます。水中に産まれた卵の多くは、ほかの魚などに食べられてしまいます。子孫を残すためには、できるだけ多く卵を産む必要があるのです。マンボウは、動きも速くありません。多くの卵を産まないと、子孫を残すのは大変です。

なんと56匹！

一度に産んだ赤ちゃんの最高記録が
56匹！　赤ちゃんの数いちばんの動物
は何でしょう。

生まれたばかりの
赤ちゃんは、
とても小さいよ。

❶ テンレック

❷ ブタ

❸ キタオポッサム

赤ちゃんの数 いちばん！
キタオポッサム 56匹！

　キタオポッサムは、北・中央アメリカにすむ、有袋類（カンガルーなどのなかま）です。

　赤ちゃんは、大きくなると、親の背中につかまって移動します。

一度に産む赤ちゃんの数

キタオポッサム 56	
ブタ（家ちく）34	
テンレック 32	
カイウサギ 14	
タヌキ 8	
ハリネズミ 6	
トラ 2	
ゾウ 1	

テンレック

いちばん！には、わけがある

弱い動物なので、元気な赤ちゃんを残す

　キタオポッサムは、ふつう20匹前後の赤ちゃんを産みます。生まれたばかりの赤ちゃんは0.13gしかありません。乳首は13しかないので、おっぱいにありつけたものしか生き残れません。敵にねらわれやすいキタオポッサムは、赤ちゃんのときから、強い必要があるのです。

キタオポッサムの赤ちゃん

長さ50cm！
針いちばん！は？

長いもので、50cm以上になる、最強の針をもつ動物は何でしょう。

**❶ アフリカタテガミ
ヤマアラシ**

❷ ハリモグラ

❸ ヨツユビハリネズミ

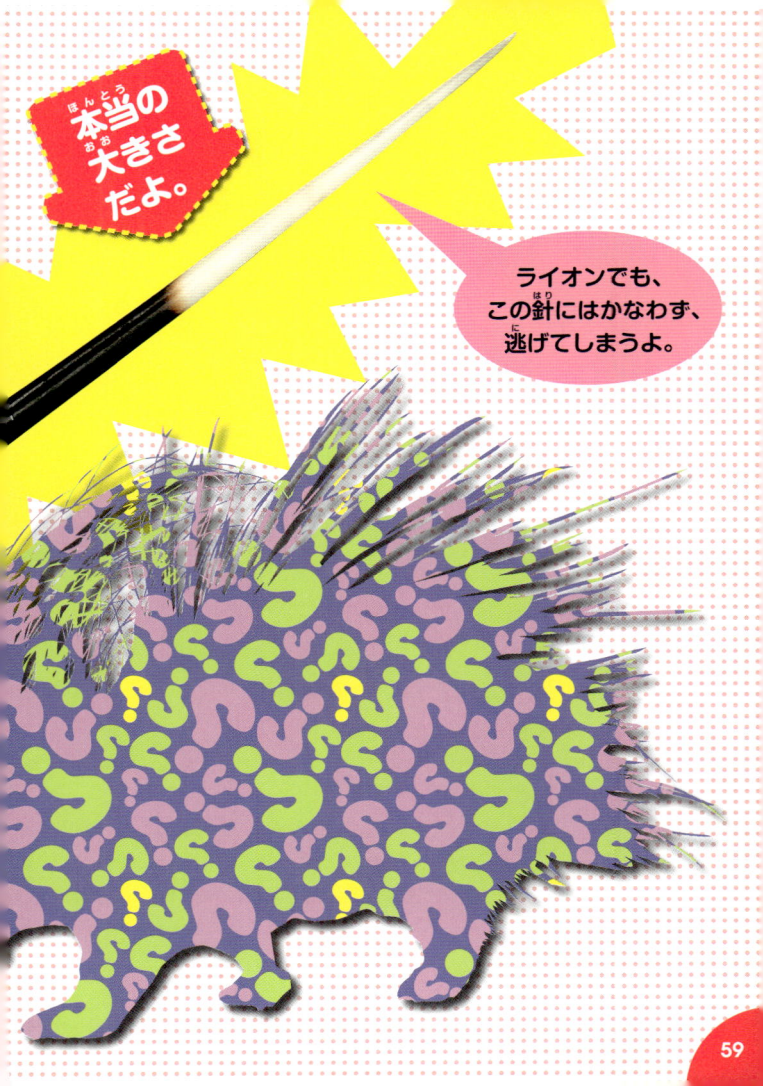

本当の
大きさ
だよ。

ライオンでも、
この針にはかなわず、
逃げてしまうよ。

針 いちばん!
アフリカタテガミ
ヤマアラシ
長さ50㎝

アフリカタテガミヤマアラシは、この針で、肉食動物から身を守ります。針は、毛が変化したもので、根元の直径が1㎝以上になるものもあります。

いちばん! には、わけがある

生き残るための武器

アフリカタテガミヤマアラシは、ライオンなどの敵におそわれると、針を逆立て、後ろ向きに突進して身を守ります。ライオンといえども、この針にはかなわず、逃げてしまいます。肉食動物にねらわれる動物は、生き残るために強力な武器が必要なのです。

アフリカタテガミ
ヤマアラシ
■体長75〜100㎝
／尾長10〜17㎝
■体重10〜24kg
■分布：アフリカ

針で身を守るちくちく動物

ハリセンボン　あたたかい海にすみます。水を吸い込んで、長さ約5㎝の針を立て、身を守ります。全長は約40㎝です。

ヨツユビハリネズミ　アフリカにすみます。針は長さ2〜3㎝ですが、さわると痛いです。体長は約20㎝です。

ハリモグラ　体長は30〜45㎝です。オーストラリアなどにすみ、長さ約5㎝のかたい針をもちます。

全長（ぜんちょう）が30m以上（いじょう）もある、地球（ち きゅう）でいちばん大（おお）きな動物（どうぶつ）は何（なん）でしょう。

プールより長（なが）い 33.58m！ 動物（どうぶつ）の大（おお）きさ いちばん！は？

ぼくたち子（こ）ども（身長（しんちょう）1.2m）は、この大（おお）きさだよ。

1. ジンベエザメ
2. シロナガスクジラ
3. ダイオウイカ

動物の大きさ いちばん！
シロナガスクジラ
33.58m！

シロナガスクジラは、地球でいちばん大きな動物です。25mプールには入りきらない大きさで、体重は、最大のもので、約190tもあります。

シャチ
全長9.6m

ミナミ
ゾウアザラシ
全長6m

ダイオウイカ
全長15m以上？

オニイトマキエイ
（マンタ
全長4.8m

ジンベエザメ 全長18m

※海の動物とくらべた陸の動物の大きさです。

ワタリアホウドリ
キリン
アフリカゾウ
シロサイ
ホッキョクグマ
ダチョウ
グレビーシマウマ
トラ
グレートデーン
カピバラ
ヒト
コモドオオトカゲ
アミメニシキヘビ

チョウザメ
全長8.5m

アメリカマナティー
全長4.5m

いちばん！
シロナガスクジラ
最大全長33.58m

海にもどったから大きくなった

　クジラのなかまは、もともとは陸上にすむカバのような動物でした。しかし、食べ物を求めて海で生活するようになりました。地上の重力から解放され、その体は大きくなり、足はひれのように進化しました。ヒゲクジラのなかまの大きな体は、敵から身を守るのにも役立ちます。

体長2.9cm！

何と大きさが500円玉くらいしかない、哺乳類でいちばん小さな動物は何でしょう？

本当の
大きさ
だよ。

❶ キティブタバナコウモリ

❷ ピグミーマーモセット

❸ バルチスタンコミミトビネズミ

哺乳類の小ささ いちばん！ は？

飛びながら、昆虫などをつかまえて食べるよ。

小さ さ いちばん！
キティブタバナコウモリ
体長２.９㎝！

キティブタバナコウモリは、東南アジアにすむ、哺乳類でいちばん小さな動物です。

大きさは５００円玉くらい、体重は１円玉２つ分くらい（約２g）しかありません。

キティブタバナコウモリ
■体長2.9〜3.3㎝ ■体重2g
■分布：タイ、ミャンマー

いちばん！ には、わけがある

小さく進化して生きのびた

動物の進化には、小型化する進化もあります。熱帯地方にすむ動物は、熱い体温を体から外に逃がすために、体が小さいほうが便利です。また、島にすむ動物は、食べ物が限られているので、体が小さいほうが、生きるのに都合がいいのです。

飛びながら、昆虫などをつかまえて食べます。尾がありません。

本当の大きさだよ。

ピグミーマーモセット
体長15㎝

　サルのなかま（真猿類）でいちばん小さいです。体重は120gです。南アメリカにすみます。

↓ バルチスタン
コミミトビネズミ
体長3.6㎝

　ネズミのなかまでいちばん小さいです。体重は3gです。パキスタンにすみます。

クイズ 17

世界でいちばん大きな海は？

❶太平洋　❷インド洋　❸大西洋

クイズ 18

世界でいちばん長い建造物は？

❶万里の長城　❷ルーブル美術館

❸ピラミッド

クイズ 19

世界でいちばん大きな一枚岩は？

❶マウントロック

❷マウントオーガスタス　❸マウントローズ

クイズ 20

世界でいちばん広い砂漠は？

❶アラビア砂漠　❷ゴビ砂漠　❸サハラ砂漠

クイズ17～24の答えは、72～73ページにあるよ。

クイズ 21

いちばん大きな
ピラミッドの高さは？

❶ 14.6m　❷ 146m　❸ 1460m

クイズ 22

世界でいちばん長い期間
つくられている教会は？

❶ ニグラダ・ファミリア　❷ サグラダ・ファミリア

❸ ヨグラダ・ファミリア

クイズ 23

世界でいちばん
広くて長い珊瑚礁は？

❶ グレートバリアリーフ　❷ グレートバリアフリー

❸ グレートバリアリード

クイズ 24

世界でいちばん
古い地下鉄はどこにある？

❶ イギリスのロンドン　❷ アメリカのニューヨーク

❸ フランスのパリ

クイズ17 の答え ①太平洋

太平洋は、世界でいちばん大きな海です。広さは1億6624万k㎡で、地球の表面の約3分の1をしめています。

クイズ18 の答え ①万里の長城

中国にある万里の長城は、8851.8k㎡も続く、城壁の遺跡です。

クイズ19 の答え ②マウントオーガスタス

オーストラリア西部にあります。底面約48k㎡で、地面から岩のてっぺんまでの高さは、858mあります。

クイズ20 の答え ③サハラ砂漠

サハラ砂漠の広さは約907万k㎡、アラビア砂漠は約246万k㎡、ゴビ砂漠は約130万k㎡です。

クイズ21 の答え ② 146m

古代エジプトのクフ王の墳墓としてつくられたもので、一辺が230mあります。

クイズ22 の答え

② サグラダ・ファミリア

スペインのサグラダ・ファミリアは、1883年に建設が始まり、完成は2026年とされています。

クイズ23 の答え ① グレートバリアリーフ

約3000の珊瑚礁と大小900の島からなる、長さ2300kmの珊瑚礁です。

クイズ24 の答え ① イギリスのロンドン

1863年の1月に開通した、ロンドン地下鉄が、世界でいちばん古い地下鉄です。

クイズ25

**世界でいちばん
人口密度が高い国は？**

❶モナコ公国　❷アメリカ　❸日本

クイズ26

**現存する、いちばん古い石造建築、
パンテオンは
どこにある？**

❶ギリシャ　❷イタリア
❸フランス

クイズ27

**サッカーのワールドカップ（男子）
全大会に出場しているのは？**

❶アメリカ　❷フランス　❸ブラジル

クイズ28

**世界でいちばん流量が多いイグアスの
滝は、大小の滝がいくつある？**

❶200以上　❷500以上　❸1000以上

世界でいちばん深くもぐった
有人潜水艦トリエステ号。
その深さは？

① 約3000m
② 約6000m ③ 約10000m

世界でいちばん長い洞窟、
マンモスケイブの長さは？

① 580m ② 5.8km ③ 580km

ペルーのアンデス山脈の、世界で
いちばん深い谷とよばれるのは？

① カルカ渓谷 ② クルカ渓谷 ③ コルカ渓谷

世界でいちばん長いのはナイル川。
流域面積がいちばん広いのは？

① ナイル川 ② アマゾン川 ③ ライン川

クイズ25 の答え ① モナコ公国

皇居の2倍ほど（約2㎢）の広さで人口は30000人以上です。

クイズ26 の答え ② イタリア

紀元前25年につくられた神殿です。残っているのは、紀元126年までに再建されたものです。

クイズ27 の答え ③ ブラジル

2018年大会までの21回の大会に、すべて出場しています。

クイズ28 の答え ① 200以上

大小あわせて200以上の滝が並びます。アルゼンチンとブラジルの間にあります。

イグアスの滝

クイズ29 の答え **③** 約10000m

2人乗りの潜水艦です。マリアナ海溝を10900mまでもぐりました。

クイズ30 の答え

③ 580km

アメリカのケンタッキー州にあります。現在、580kmのところまで計測されています。

マンモスケイブ

クイズ31 の答え **③** コルカ渓谷

コンドルがまう秘境の谷として有名です。知られていない部分も多いです。

クイズ32 の答え **②** アマゾン川

アマゾン川には支流がたくさんあり、流域面積は705万km²です。

最大180mm！

カブトムシの

大きさいちばん！は？

世界でいちばん大きなカブトムシは、何というカブトムシでしょう？

① ヘルセウスオオカブト

② ヘルクレスオオカブト

③ ペガススオオカブト

この本の大きさだよ。

日本のカブトムシ

本当の大きさだよ。

世界最大のカブトムシは、南アメリカなどにすむ、ヘルクレスオオカブトです。日本のカブトムシとは逆に、胸の角が、頭の角より長いです。

ヘルクレスオオカブト
全長最大180mm
■分布：メキシコ南部～南アメリカ、小アンチル諸島

カブトムシの大きさ いちばん！
ヘルクレスオオカブト
全長最大180mm

いちばん には、わけがある
大きい昆虫は、暑いところに多い

昆虫の体温は、まわりの温度によって変わります。温度が上がると体温も上がって、代謝が活発になります。すると、食べる量がふえて、体が大きくなるのです。

クワガタムシの<ruby>大<rt>おお</rt></ruby>きさ<ruby>いちばん<rt></rt></ruby>！

ギラファ<ruby>ノコギリクワガタ<rt></rt></ruby>
<ruby>全長<rt>ぜんちょう</rt></ruby> <ruby>最大<rt>さいだい</rt></ruby>120mm
■<ruby>分布<rt>ぶんぷ</rt></ruby>：<ruby>東南<rt>とうなん</rt></ruby>アジア

全長（ぜんちょう）37m！

今（いま）から6600万年（まんねんまえ）前に大量（たいりょう）絶滅（ぜつめつ）してしまった恐竜（きょうりゅう）。いちばん大（おお）きいと考（かんが）えられているのは？

アフリカゾウは、この大（おお）きさだよ。

恐竜の大きさいちばん！は？

ヒト　　　　キリン

❶ ティラノサウルス
❷ ステゴサウルス
❸ パタゴティタン

恐竜の大きさ いちばん！
パタゴティタン
全長37m

パタゴティタンは、恐竜でいちばん大きかったと考えられています。
長い首を左右に動かして、広い範囲の草などを食べていたと考えられています。

■全長　■生きていた時代　■化石産出地　■食性

パタゴティタン いちばん！
■約37m　■白亜紀後期（約1億年前）
■アルゼンチン　■植物食

←**トリケラトプス**
■6〜9m　■白亜紀後期
（約6600万年前）　■カナダ、アメリカ　■植物食

ティラノサウルス
■12〜13m　■白亜紀後期（約6600万年前）
■カナダ、アメリカ
■肉食

ケツァルコアトルス
- ■翼開長約10m ■白亜紀後期（約7060万年前）■アメリカ

エウオプロケファルス
- ■約7m ■白亜紀後期（約7060万年前）■カナダ、アメリカ
- ■植物食

←コリトサウルス
- ■7〜9m ■白亜紀後期（約7060万年前）■カナダ、アメリカ ■植物食

←パキケファロサウルス
- ■5〜8m ■白亜紀後期（約6600万年前）■カナダ、アメリカ ■植物食

↓ステゴサウルス
- ■7〜9m ■ジュラ紀後期（約1億5000万年前）■アメリカ ■植物食

アロサウルス
- ■9〜12m ■ジュラ紀後期（約1億5000万年前）■アメリカ ■肉食

クイズ35

恐竜

今から6600万年前

恐竜が大量絶滅したのは、今から6600万年前。恐竜時代の最後に生きていたのは？

ティラノサウルス

❶ エオラプトル
❷ アロサウルス
❸ ティラノサウルス

いちばん！ 最後まで生きていた恐竜は？

アロサウルス

エオラプトル

いちばん！最後まで生きていた恐竜

ティラノサウルス
6600万年前

アロサウルス
- ■9〜12m ■ジュラ紀後期
（約1億5000万年前）
- ■アメリカ
- ■肉食

生物の誕生
35億年前ごろ

地球の誕生
46億年前

1億
4500万年前

古生代

中生代
三畳紀

中生代
ジュラ紀

2億
5200万年前

2億130万年前

恐竜の登場
2億2700万年前

エオラプトル
- ■1.5m ■三畳紀後期
（約2億2700万年前）
- ■アルゼンチン ■雑食

■全長 ■生きていた時代
■化石産出地 ■食性

恐竜が生きていた時代の、中生代の最後に生きていたのは、ティラノサウルスです。エオラプトルは中生代のはじめの三畳紀、アロサウルスは中ごろのジュラ紀に生きていました。

ティラノサウルス
■12〜13m■白亜紀後期（約6600万年前）■カナダ、アメリカ■肉食

恐竜の絶滅
6600万年前

新生代

中生代
白亜紀

6600万年前

人類の歴史
約400万年間

ステゴサウルス
■7〜9m■ジュラ紀後期（約1億5000万年前）■アメリカ■植物食

トリケラトプス
■6〜9m■白亜紀後期（約6600万年前）■カナダ、アメリカ■植物食

世界の いちばん！クイズ ③

クイズ36

**世界でいちばん長い
シベリア鉄道の長さは？**

❶ 929km ❷ 9297km ❸ 92979km

クイズ37

**世界でいちばん長い
トンネルの長さは？**

❶ 約47km ❷ 約57km ❸ 約67km

クイズ38

**世界でいちばん
面積が小さい国は？**

❶ バチカン市国 ❷ イギリス ❸ 日本

クイズ39

**世界でいちばん
水面が低い湖は？**

❶ 琵琶湖 ❷ バイカル湖 ❸ 死海

クイズ40

世界でいちばん
深くて透明な湖は？

①バイカル湖 ②ビイカル湖 ③ブイカル湖

クイズ41

ロシア連邦サハ共和国で記録された、
世界でいちばん低い気温は？

①-41.2℃ ②-51.2℃ ③-71.2℃

クイズ42

世界でいちばん高いところに
あるタングラ駅の標高は？

①568m ②5068m ③7068m

クイズ43

世界でいちばん大きな半島は？

①アラビア半島 ②アラスカ半島
③インド半島

クイズ36 の答え ② 9297km

シベリア鉄道の長さ

ロシアのモスクワからウラジオストク間を走ります。

クイズ37 の答え

② 約57km

アルプス山脈を貫くトンネル、ゴッタルド・ベーストンネルです。

クイズ38 の答え

① バチカン市国

イタリアのローマにある独立国です。面積は0.44㎢です。

クイズ39 の答え ③ 死海

標高－400mにあります。世界でいちばん塩分濃度が高いです。

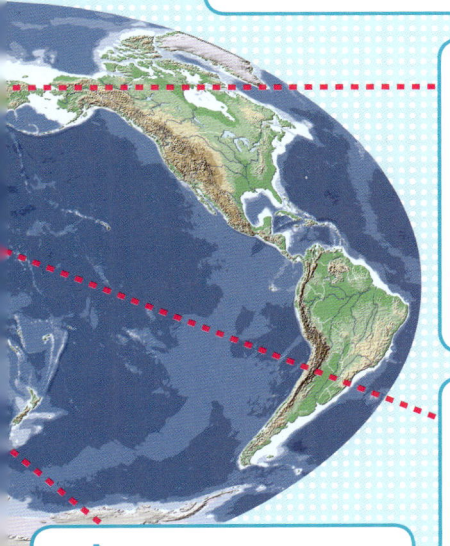

クイズ40の答え ① バイカル湖

最大水深1741m、最大透明度40m。琵琶湖の46倍の広さです。

クイズ41の答え

いちばん低い気温

③ -71.2℃

1926年の記録です。国土の40%は北極圏です。

クイズ42の答え

タングラ駅の標高

② 5068m

2006年にできた、中国の駅です。

クイズ43の答え

 ① アラビア半島

アジアとアフリカをつなぐ半島で、世界最大の半島です。

クイズ44

世界でいちばん大きな無人島は？

❶ダヴォン島 ❷デヴォン島 ❸ドヴォン島

クイズ45

最小の無人島といわれる沖ノ鳥島で正しいのは？

❶満潮時にほとんどしずむ ❷満潮時に広くなる

❸満潮時にも変わらない

クイズ46

世界でいちばん小さい大陸は？

❶アフリカ大陸 ❷オーストラリア大陸

❸南極大陸

クイズ47

記録されたなかで、世界でいちばん速い風速は？

❶秒速96m ❷秒速106m ❸秒速196m

 **クイズ 48**

世界でいちばん大きい島は？

① グリーンランド ② ブルーランド
③ レッドランド

 **クイズ 49**

世界でいちばん広い淡水（塩分を含まない水）湖は？

① スペリオル湖 ② エリー湖
③ ミシガン湖

 **クイズ 50**

世界でいちばん川はばが広いラプラタ川。そのはばは？

① 約200km ② 約500km ③ 約700km

 **クイズ 51**

世界でいちばん高い活火山、オホス・デル・サラードの高さは？

① 5908m ② 6908m ③ 7908m

クイズ44 の答え ② デヴォン島

面積は約55000㎢ある、世界最大の無人島です。

クイズ45 の答え

① 満潮時に ほとんど しずむ

日本最南端の島です。北小島と東小島があります。

クイズ46 の答え

② オーストラリア大陸

いちばん小さい大陸ですが、面積は日本の約21倍です。

クイズ47 の答え

① 秒速96m

南極大陸のフランスの基地で、1978年に観測されました。

クイズ48の答え ①グリーンランド

総面積は約218万㎢。80%が雪と氷におおわれています。

クイズ49の答え

①スペリオル湖

アメリカにあり、面積は約80000㎢で、北海道よりも広いです。

クイズ50の答え

ラプラタ川の川はば

①約200km

アルゼンチンとウルグアイの間にあります。三角江とよばれる入り江になっています。

クイズ51の答え

オホス・デル・サラード火山の高さ

②6908m

アルゼンチンとチリの間にあります。活火山ではないという説もあります。

植物

花の大きさ いちばん！

インドネシアのスマトラ島に咲くラフレシアは、世界でいちばん大きな花です。この世界最大の花の大きさは？

ラフレシアが咲く様子

↑地面に大きなつぼみがあらわれます。

→花は1日で開きます。

ラフレシアの<ruby>直径<rt>ちょっけい</rt></ruby>は？

1 <ruby>直径<rt>ちょっけい</rt></ruby><ruby>約<rt>やく</rt></ruby>1m

2 <ruby>直径<rt>ちょっけい</rt></ruby><ruby>約<rt>やく</rt></ruby>10m

3 <ruby>直径<rt>ちょっけい</rt></ruby><ruby>約<rt>やく</rt></ruby>100m

↓<ruby>花<rt>はな</rt></ruby>は、3〜4<ruby>日<rt>にち</rt></ruby>たつと
くさり<ruby>始<rt>はじ</rt></ruby>めます。

花の大きさ いちばん！
ラフレシア
直径約1m

インドネシアのスマトラ島は、赤道直下にあります。ラフレシアは、熱帯の森の中に咲く、葉も茎もない、ふしぎな巨大な花です。

ラフレシア・
アルノルディイ
（ラフレシア類の1種）
■花の直径：
　0.8〜1m以上
■花の重さ：7kg
■分布：インドネシア
共和国（スマトラ島）

100

いちばん！には、わけがある

ラフレシアのひみつ

ラフレシアは、くさった肉のような強烈なにおいがします。このにおいにつられて、オビギンバエ（上の写真）というハエのなかまがやってきます。ラフレシアには雄花と雌花があり、雄花に来たハエが、雌花に花粉を運ぶと種子ができます。

101

セコイアデンドロンの高さは？

木の大きさ いちばん!

体積が1487m³

世界でいちばん大きな体積の木は、「シャーマン将軍」と名づけられた、セコイアデンドロンとよばれる巨木です。その木の高さはどのくらいでしょう。

「シャーマン将軍」の生えている場所

アメリカ合衆国
カリフォルニア州

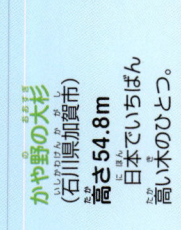

セコイアデンドロン
「シャーマン将軍」

クイズ53の答え③

木の大きさ いちばん!

セコイアデンドロン

83.8m

アメリカ合衆国のセコイア国立公園にある「シャーマン将軍」とよばれるセコイアデンドロンは、高さ83.8m。体積は1487㎥あり、世界でいちばん大きな木です。

かや野の大杉
（石川県加賀市）
高さ54.8m
日本でいちばん
高い木のひとつ。

セコイア・
ハイペリオン
（アメリカ合衆
国カリフォルニ
ア州レッドウッ
ド国立公園）
高さ
115.55m
高さでばいち
ばんの植物。

自由の女神像
（アメリカ合衆国）
高さ46.05m

シロナガスクジラ
全長33.58m

東寺五重塔
（京都府京都市）
高さ54.8m

鎌倉大仏
（神奈川県鎌倉市）
高さ13.35m

縄文杉
（鹿児島県・
屋久島）
高さ25.3m

葉の大きさいちばん！ラフィアヤシの葉の長さは？

ラフィアヤシは、木のほとんどが葉です。切れ込みのある葉を、まっすぐ立てた長さは？

葉にかくれて、幹があります。果実（写真）は、食べられます。

❶ 2m

❷ 20m

❸ 200m

葉の大きさ いちばん！
ラフィアヤシ
長さ20m

　根元近くから、ななめ上にのびるのは、すべて葉です。20mほどある木の高さのほとんどが葉で、葉の面積でもいちばんです。

↑ヒト
（身長1.2m）の
約12〜16倍

ラフィアヤシの原産国

マダガスカル共和国

ラフィアヤシ
■高さ：20m／葉の長さ：15〜20m／葉のはば：1.5m
■原産国：マダガスカル共和国

いろいろな巨大な葉を見てみよう

グンネラ　葉の直径1m

中央アメリカ〜南アメリカ中央部の高い山に分布しています。フキに似た葉の直径は1mにもなります。現地では「貧乏人の傘」という名前でよばれています。

クワズイモ　葉の長さ3m

インド、中国、日本の南部などアジアに広く分布していて、葉は長さ約3mにもなります。切れ込みのない1枚の葉としては世界一の大きさといえます。

オオオニバス　葉の直径1m

アマゾン川流域やブラジルなどが原産の水生植物です。水面に広がる葉は直径1m以上にもなります。淡水性の植物では世界一で、小さな子どもが乗ってもしずみません。

いちばん！には、わけがある

木のほとんどが葉！

ラフィアヤシの木を見ると、根元近くから、ななめ上にのびる葉ばかりが目立ち、幹はかくれて見えません。つまり、20mほどある木の高さのほとんどが葉の長さなのです。たくさんの切れ込みのあるラフィアヤシの葉は、面積からいっても世界一です。

植物

海藻の長さ いちばん!

コンブなどの海藻（海産の藻類）のなかまで、いちばん長いのは、ジャイアントケルプです。その長さは？

❶ 6m
❷ 60m
❸ 600m

ジャイアントケルプのひみつ

ジャイアントケルプの葉のような部分のつけねには、空気をふくんだ浮き袋がならんでついています。この浮き袋で全体を浮かせながら、海面の光に向かってまっすぐにのびることができます。（写真はカリフォルニアアシカ）

ジャイアントケルプの
長さは？

海藻の長さ いちばん!
ジャイアントケルプ
60m！

いちばん! には、わけがある
光を求めて大きくなった

ジャイアントケルプは、60mにもなる、世界最大の海藻です。
海のなかで、ときには7〜8mにもなるコンブも海藻のなかまです。

ジャイアントケルプにすむ動物

たくさんの生き物を育むジャイアントケルプの森には、さまざまな魚類や貝類、カニやエビ、ウニ、ヒトデなどがくらしています。そして、それらの生き物を食べるラッコなどの海の哺乳類も、この森をすみかにしています。

ラッコ
海面に浮いたままで眠るラッコは、風や波に流されないようにジャイアントケルプを体に巻きつけます。

↓ゼニガタアザラシ
北極圏、太平洋などに広く分布しています。魚類、イカ、タコなどを食べます。

カリフォルニアアシカ
アメリカ合衆国カリフォルニア州沿岸地帯などに分布。魚類やイカ、タコなどを食べます。

海藻も、陸上の植物と同じように太陽の光を利用して、栄養分をつくり出します。ジャイアントケルプはたくさんの株が森をつくりながら、海底から上に向かって育ち、海面に達すると、光を受けて波間を横へと広がります。つまり、長くのびるのは太陽の光をたくさん吸収するためなのです。

種の大きさいちばん！

ヤシのなかまは、大きな種（種子）をもちます。最大のオオミヤシの種の大きさは？

ふしぎな形をした種だよ。

オオミヤシの木　高さは20〜30mで、鈴なりに果実をつけます。果実は大きくなるのに7年ほどかかります。

オオミヤシの大きさは？

1 30cm
2 3m
3 30m

種の大きさ いちばん！
オオミヤシ
30cm！

オオミヤシの種（種子）は、ココヤシの実の約3倍もあり、世界一の大きさです。重さは10kgもあります。

オオミヤシの種（種子）
- ■長さ：最大30cm
- ／はば：20cm
- ■重さ：10kg
- ■原産国：
  セイシェル共和国

オオミヤシを抱える現地の人
　左手に抱えているのは表面をみがいた種で、おみやげとして売られています。

オオミヤシの原産国

セイシェル共和国

オオミヤシの中のようす→
　外からは種が2つくっついたように見えますが、じつはこの通り、中でつながっています。

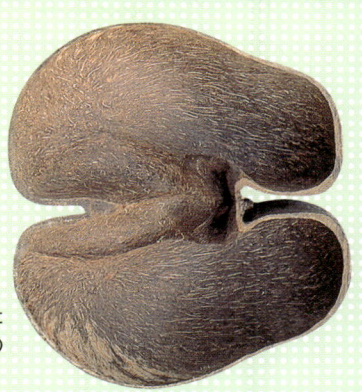

いちばん！には、わけがある

オオミヤシの伝説

　昔、インドの人々は、ときおり海辺に流れ着くオオミヤシの実を見て、海の中にふしぎな実をつけるヤシがあると信じていました。セイシェル諸島から流れてくるとわかったのは、18世紀にインド洋の島々に人が行き来するようになってからでした。

果実の大きさ いちばん！

世界最大の果実（果物）は、東南アジア原産のジャックフルーツ。その大きさは？

ジャックフルーツの木は、高さ20mになるものがあります。

ジャックフルーツの<ruby>大<rt>おお</rt></ruby>きさは？

1 70cm
2 7m
3 70m

ジャックフルーツの<ruby>表面<rt>ひょうめん</rt></ruby>

<ruby>本当<rt>ほんとう</rt></ruby>の<ruby>大<rt>おお</rt></ruby>きさだよ。

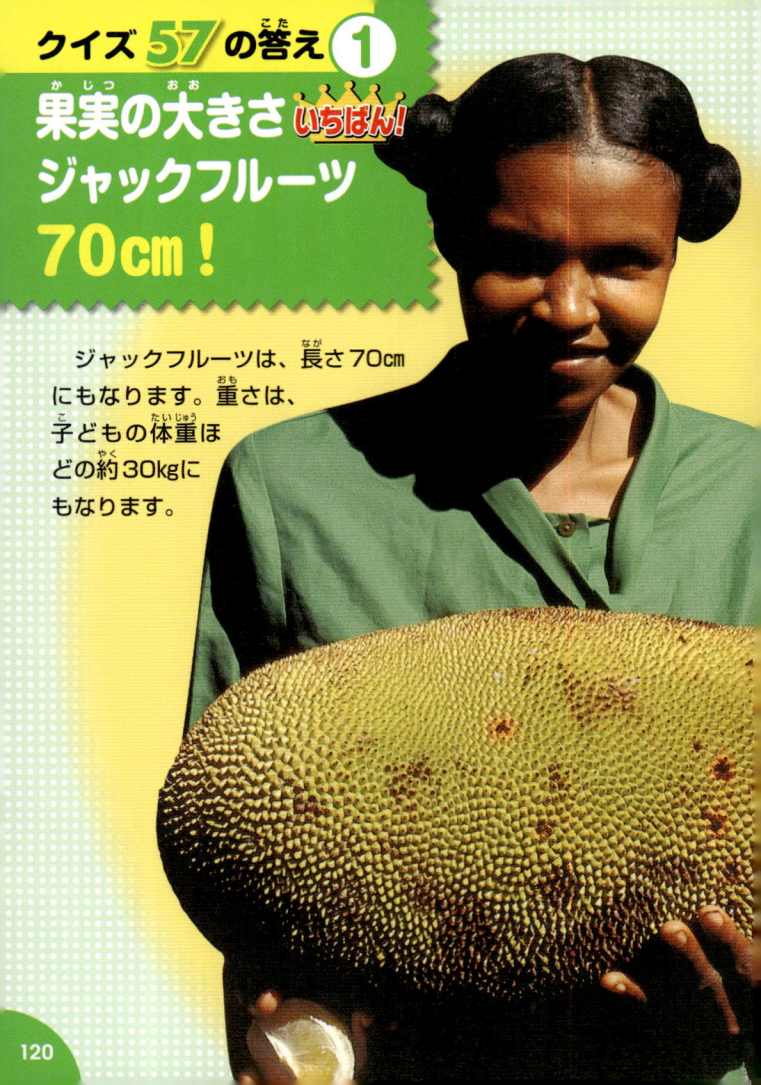

果実(かじつ)の大(おお)きさ いちばん!

ジャックフルーツ

70㎝!

ジャックフルーツは、長(なが)さ70㎝にもなります。重(おも)さは、子(こ)どもの体重(たいじゅう)ほどの約(やく)30kgにもなります。

120

ジャックフルーツの原産国

インド

ジャックフルーツの果実

■長さ：70㎝・はば40㎝
■重さ：30kg
■原産国：インド（南部）
（現在は熱帯各地で栽培されている）

ジャックフルーツの中のようす
たくさんの種の間に、あまく歯ごたえのある果肉があります。
種の中身もゆでて食べられます。

いちばん！には、わけがある

実がなるのは幹の部分

　リンゴやミカン、カキなど、ふつう果実は枝の先になります。でも、ジャックフルーツの場合は、幹から直接果実がぶら下がります。これなら、子どもくらいの重さがあっても支えられますね。

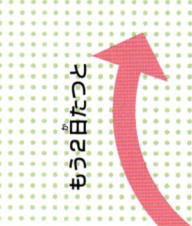

もう2日たつと

クイズ 58

植物

1日に1m！
成長の速さ **いちばん!** は？

1日になんと1mものびる、植物のなかで
いちばん成長が速いのは何でしょう。

❶ モウソウチク

❷ オオツボカズラ

❸ ハエトリグサ

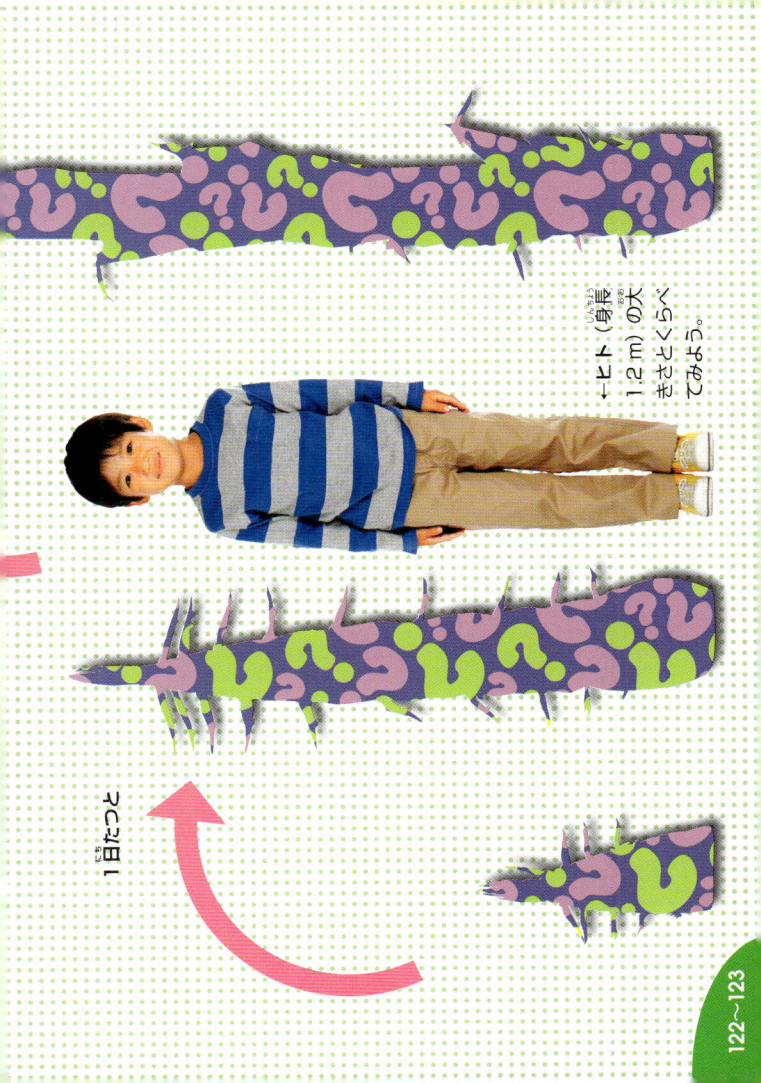

←ヒト（身長1.2 m）の大ささとくらべてみよう。

1日たつと

成長の速さいちばん!

モウソウチク

1日に1m!

モウソウチクの若い芽が、タケノコです。タケノコの時期の成長が特に速く、1日に1m以上ののびることがあります。

モウソウチク
- ■高さ：15〜20m
- ■根元近くの直径20cm
- ■分布：アジアの温暖な地域
- ■原産国：中国

食虫植物の大きさいちばん!

オオウツボカズラ

袋の長さ30cm

- ■袋（捕虫器）の長さ30cm以上
- ■分布：ボルネオ島（マレーシア、インドネシア領）の高地

モウソウチクののびるようす

タケノコの時期には、地下からいきおいよく水を吸い上げながら、猛スピードで成長します。真ん中の写真は左の翌日、真ん中の写真は、真ん中から2日後のようです。2〜3か月かけて15〜20mくらいまで成長します。

昆虫をとらえ、その栄養分を吸収する植物を食虫植物といいます。ウツボカズラは代表的な食虫植物で、なかでも最大級のオオウツボカズラはラグビーボールほどの大きさをもつものがあります。

ふつう植物は動物のようには動きません。でも食虫植物のハエトリグサは、すばやい動きで餌になる虫をとらえます。ハエトリグサが葉を閉じるのにかかる時間は、およそ0.2～1秒。葉が動くスピードでは、陸上の食虫植物でいちばんです。

ハエトリグサ
葉を閉じる速さ0.2秒

- ■とげのある葉の部分の大きさ 約2cm
- ■原産国 アメリカ合衆国

日本の いちばん！ クイズ①

クイズ59

日本でいちばん
大きな都道府県は？

❶北海道 ❷岩手県 ❸福島県

クイズ60

タマネギの生産量が、
いちばん多いのは？

❶沖縄県 ❷山梨県 ❸北海道

クイズ61

北海道旭川市で記録された、
日本でいちばん低い気温は？

❶-31℃ ❷-41℃ ❸-51℃

クイズ62

全体の約8割が北海道で
生産されているのは？

❶ジャガイモ ❷ミカン ❸サツマイモ

クイズ59〜66の答えは、128〜129ページにあるよ。

クイズ63

青森県の下北半島にいる、
世界で最も北にすむ動物は？

❶サル **❷**シカ **❸**サンショウウオ

クイズ64

いちばん長い鉄道トンネル、
青函トンネルの長さは？

❶5.39km **❷**53.9km **❸**539km

クイズ65

いちばん広い砂丘、
猿ヶ森砂丘があるのは？

❶青森県 **❷**鳥取県 **❸**高知県

クイズ66 リンゴの生産量いちばんは？

❶青森県 **❷**福島県 **❸**神奈川県

クイズ59 の答え ❶ 北海道

面積は、約83457㎢です。日本全体の面積の約22%の広さです。

札幌時計台

クイズ60 の答え ❸ 北海道

日本全国の生産量の約半分が、北海道産です。

クイズ61 の答え ❷ -41℃

1902年1月25日に記録されました。

クイズ62 の答え ❶ ジャガイモ

全国の約80%が北海道で生産されています。

128

 **クイズ63の答え ①サル**

下北半島にすむニホンザルは、世界でいちばん北にすむサル（北限のサル）です。

 **クイズ64の答え ②53.9㎞**

本州と北海道をつなぐトンネルです。ゾーン539ともよばれます。

 **クイズ65の答え ①青森県**

はば1～2㎞、長さ約17㎞で、防衛省の下北試験場内にあります。

 **クイズ66の答え ①青森県**

1年間の生産量は約40万tで、全体のほぼ半分が青森県産です。

日本の いちばん！ クイズ②

クイズ67
いちばん深い湖は？

① 琵琶湖　② 摩周湖　③ 田沢湖

クイズ68
いちばん滝が多い都道府県は？

① 北海道　② 山形県　③ 長野県

クイズ69
サクランボの生産量が日本でいちばんなのは？

① 山梨県　② 山口県　③ 山形県

クイズ70
神社の数がいちばん多い都道府県は？

① 新潟県　② 石川県　③ 山形県

クイズ71

米の生産量が日本でいちばんなのは？

❶北海道　❷新潟県　❸静岡県

クイズ72

日本でいちばん古いモノレールはどこにある？

❶東京都　❷名古屋市　❸大阪市

クイズ73

となりあう都道府県がいちばん多いのは長野県。その数は？

❶5　❷8　❸10

クイズ74

海からいちばん遠い地点があるのは？

❶長野県　❷岐阜県　❸北海道

クイズ67 の答え ③ 田沢湖

秋田県の田沢湖のいちばん深いところは、水面から423.4mあります。

クイズ68 の答え ② 山形県

高低差が5m以上の滝が、230か所もあります。

クイズ69 の答え ③ 山形県

全国のサクランボの約70%が山形県産です。

クイズ70 の答え ① 新潟県

全国約79000のうちの4755の神社が新潟県にあります。

 **クイズ71** の答え **②新潟県**

1位が新潟県（60万t以上）、2位が北海道です。

 **クイズ72** の答え **①東京都**

上野公園のモノレールが、1957年に開設されました。

クイズ73 の答え **②8**

新潟、群馬、埼玉、山梨、静岡、愛知、岐阜、富山の8つです。

クイズ74 の答え **①長野県**

長野県佐久市内にあります。北緯36度10分25秒、東経138度35分1秒の地点です。

善光寺

高さ8848m！

高さ8848mもある、地球で
いちばん高い山は何でしょう？

写真：ミウラ・ドルフィンズ

↑80歳で、世界一高い山の3度目の登頂を果たした三浦雄一郎さん。

山の高<ruby>山<rt>やま</rt></ruby>さ  は？

1. キリマンジャロ
2. 富士山（ふじさん）
3. エベレスト

中国（ちゅうごく）とネパールの国境（こっきょう）にそびえる山（やま）だよ。

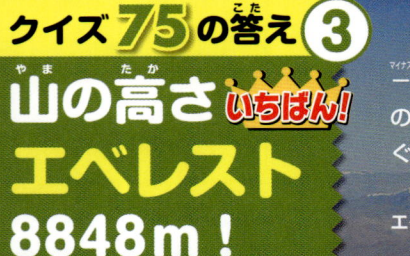

山の高さ いちばん！
エベレスト
8848m！

エベレストの山頂平均気温は
－30℃以下です。酸素は地上
の3分の1しかなく、ふりそそ
ぐ紫外線は地上の30倍です。

エベレスト ———

エベレスト
■標高：8848m

いちばん！には、わけがある

大陸と大陸がおしあって高い山になった

　数億年前、インドとユーラシア大陸は別の大陸でした。この2つの大陸がおしあったため、海底がもり上がって、ヒマラヤ山脈ができました。

　エベレストの山頂付近では地層も見られ、海の生き物の化石も見つかっています。

　大陸の運動はまだ続いていて、エベレストは現在も少しずつ成長を続けています。

エベレストはチョモランマともいい、ヒマラヤ山脈にあります。

ヒマラヤ山脈は、アジアの6つの国にまたがるとても大きな山脈です。高さが8000mをこえる山は世界に14ありますが、すべてがヒマラヤ山脈にあります。

富士山
エベレスト

大陸別いちばん高い山

エベレスト 8848m
（アジア）

アコンカグア 6960m
（南アメリカ）

キリマンジャロ 5895m
（アフリカ）

マッキンリー 6194m
（北アメリカ）

ビンソン マッシーフ 4897m
（南極）

コジアスコ 2230m
（オーストラリア）

モンブラン 4808m
（ヨーロッパ）

日本の山 いちばん！ 富士山 高さ3776m

富士山は、静岡県と山梨県にまたがる日本でいちばん高い山です。日本のシンボルとして、多くの人に親しまれています。

地球のへっこみ いちばん！

写真：NHK ／ JAMSTEC

沖縄の深海で、海の生き物を調査する有人潜水調査船「しんかい6500」。

マリアナ海溝の深さは？

地球でいちばん深い海の底、マリアナ海溝は太平洋のマリアナ諸島沖にあります。この海溝の深さは？

❶ 10920m

❷ 1920m

❸ 920m

日本の無人探査機「かいこう」がもぐったよ。

写真：海洋研究開発機構（JAMSTEC）

地球のへっこみ いちばん！
マリアナ海溝
10920m

マリアナ海溝のもっとも深いところはチャレンジャー海淵とよばれ、10920mもあります。これは、世界一高い山をひっくり返してもとどかない、とても深い場所です。

写真：海洋研究開発機構（JAMSTEC）

マリアナ海溝

1996年2月、日本の無人探査機「かいこう」が、チャレンジャー海淵にもぐり、世界で初めて、水深10898mの泥をとることに成功しました。

いちばん！ には、わけがある

プレートがしずみこむところ

地球は、十数枚のあつさ100kmほどの岩盤（プレート）でおおわれています。海溝は、2つのプレートがぶつかって、しずみこんでできる細長い溝のことです。

マリアナ海溝は、世界最大の太平洋プレートが、フィリピン海プレートの下にもぐりこむ場所にあるため、海底が深くなっているのです。

深海の世界の生き物

水深
200m

ギンザメ
日本近海の水深3000m
までのところにすんでいます。

写真：Dhugal J.Lindsay／
JAMSTEC

1000m

ミツマタヤリウオ
日本近海や南米沖の水
深1000mまでのところ
にすんでいます。

3000m

コウモリダコ
熱帯、温帯海域の水深
1000〜2000mにすん
でいます。体長は15㎝。

**ユメ
ナマコ**
太平洋の水深300〜6000m
にすんでいます。体長20㎝。

6000m

**ナギナタ
シロウリガイ**
日本海溝などの水
深4700〜6400m
にすんでいます。大
きさ10㎝。

**カイコウ
オオソコエビ**
マリアナ海溝、フィリピン海溝などの
水深6000mより深くにすんでいます。
体長約4㎝。

10000m

141

日本とほぼ同じ

面積が日本とほぼ同じ、世界最大の湖は何でしょう。

❶ カスピ海

❷ バイカル湖

❸ チチカカ湖

37万km² 湖の大きさ いちばん！ は？

スベリオル湖 面積約8万km²

北アメリカ大陸にある、世界で2番目に大きい湖です。

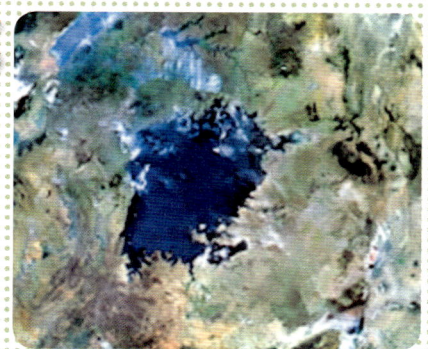

ビクトリア湖 面積約7万km²

アフリカ大陸にある、世界で3番目に大きい湖です。

湖の大きさ いちばん！

カスピ海
37万km²

カスピ海は中央アジアと東ヨーロッパにまたがる塩湖（塩分をふくんだ湖）です。面積は、世界第2位のスペリオル湖の約4.7倍もあります。

死海　カスピ海　バイカル湖　スペリオル湖

ビクトリア湖　チチカカ湖

カスピ海

ユーラシア大陸にある、世界最大の湖です。面積は約37万km²で、日本の面積とほぼ同じです。

いちばん！には、わけがある

大陸が動いて、海が湖になった

カスピ海はもともと海でした。数百万年前、大陸が動き、海の一部が陸地の中にとじこめられてできました。ですから水は塩水です。

バイカル湖→

ロシアにあるバイカル湖は世界でいちばん深い湖で、水深1741mにもなります。また、水はとてもすき通っていて、透明度も世界一レベルです。

←死海

アラビア半島北西部にある死海は、標高−400mで、世界でもっとも低い位置にある湖です。塩分濃度がとても高いため、人が入ってもしずまずに浮いてしまいます。

チチカカ湖→

アンデス山脈にあるチチカカ湖は標高3812mという、富士山よりも高い場所にある湖です。面積8372㎢の湖の中には大小の島々があり、さまざまな民族が暮らしています。

地球6分の1周！

ナイル川はアフリカ大陸を流れる地球でいちばん長い川です。その長さは？

日本は、北海道の東のはしから、九州の西のはしまで1800kmくらいあるよ。

カイロ

ナイル川

地中海

川の長さいちばん！
ナイル川の長さは？

1. 695km
2. 6695km
3. 16695km

ビクトリア湖

川の長さ いちばん！
ナイル川
6695km

ナイル川の長さは6695kmもあります。ビクトリア湖に流れこむ川が源流で、地中海に注ぎます。砂漠地帯を流れ、農作物を育てる貴重な水源になっています。

スーダン

砂漠や砂丘が広がる北中部も、ナイル川の近くは農地で、農業がさかんです。

エジプト

首都カイロから下流が大三角州で、ナイル川デルタとよばれています。

カイロ

ナイル川

地中海

毎年洪水が起きる川

　ナイル川の上流のビクトリア湖の近くでは、年に2回雨季があります。その雨水は、川を一気に増水させ、ダムができるまで毎年洪水を起こしてきました。この豊富な水が、世界一長い大河をつくり出しているのです。

ナイル川

ウガンダ

　ビクトリア湖の近くの南部は、雨が多く、農業がさかんです。

ビクトリア湖

149

日本で いちばん！

いちばん長い川は
信濃川

信濃川

ぶつぶつ川

日本でいちばん長い川は、367kmの信濃川。長野県、新潟県から、日本海にそそぎます。いちばん短い川は和歌山県にある、「ぶつぶつ川」。その長さは？

① 1350m

② 135m

③ 13.5m

→いちばん長い川、信濃川。長さは367km。

短い川の長さは？

信濃川の河口

川（かわ）の短（みじか）さ いちばん！
ぶつぶつ川（がわ）
13.5m

←— 粉白川（このしろがわ） —→

　和歌山県那智勝浦町（わかやまけんなちかつうらちょう）を流れるぶつぶつ川（がわ）は、水源（すいげん）から粉白川（このしろがわ）に合流（ごうりゅう）するまでの長（なが）さが、13.5mです。

水源（すいげん）

ふつふつとわき出る川、ぶつぶつ川

地下水源からふつふつと水がわき出ていることから「ぶつぶつ川」と名づけられました。きれいな水なので、地元の人が野菜や魚を洗うのに利用していました。日本一短い川と認定されています。

おもな川の長さ

ナイル川 6695km

アマゾン川 6516km

長江（チャンチャン） 6380km

ミシシッピ川 6019km

信濃川（しなのがわ） 367km

153

979mから急降下！

写真：関野吉晴

滝の落差 いちばん！ は？

南アメリカ大陸にある、落差が世界一の滝は何でしょう。

① ビクトリアフォールズ

② ナイアガラフォールズ

③ エンジェルフォール

落差がありすぎるから、滝の水は下に落ちると中で水しぶきとなって空中に広がっていくよ。

滝の落差 いちばん！ 979mから急降下！ エンジェルフォール

エンジェルフォールは、ベネズエラにある世界一落差のある滝です。切り立ったがけから流れ落ち、落差は979mあります。

いちばん！ には、わけがある

雨の多いテーブルマウンテンから流れ落ちる

エンジェルフォールは、上が平らになったテーブルマウンテンにあります。ここは山にそってしめった空気が上昇するので雲が発生しやすく、雨がとても多い場所です。その豊富な水が、テーブルマウンテンの周囲の絶ぺきから流れ落ちるのです。

エンジェルフォール上空に浮かぶ雲。

世界のおもな滝の落差

エンジェルフォール（ベネズエラ）	979m
トゥゲラ（南アフリカ）	948m
ヨセミテ（アメリカ合衆国）	739m
サザーランド（ニュージーランド）	580m
ジースバッハ（スイス）	391m

ビクトリアフォールズ
（アフリカ大陸）

　ジンバブエとザンビアの国境にある滝です。落差108m、はば約1700mと世界最大級の滝です。雨季になると滝の水量があまりにも多くなるため、水しぶきがまるでけむりのように立ちのぼります。

←称名滝（日本）

　富山県にある滝で、350mという日本一の落差をほこる滝です。春になると雪どけ水が多く流れこみ、称名滝の右側にハンノキ滝が現れ、2つの滝から水が流れ落ちます。

称名滝

ビクトリアフォールズ

ナイアガラフォールズ

エンジェルフォール

ナイアガラフォールズ
（北アメリカ大陸）

　アメリカとカナダの国境にある滝です。カナダ滝、アメリカ滝、ブライダルベール滝の3つからなります。中でもカナダ滝は高さ53m、はば670mの巨大な滝です。

日本の いちばん！ クイズ ③

クイズ 81
いちばん高いところにある温泉は？

❶ 地獄谷温泉　❷ 天国谷温泉　❸ 極楽谷温泉

クイズ 82
日本でいちばん高い山、富士山の高さは？

❶ 2776m　❷ 3776m　❸ 4776m

クイズ 83
茶の生産量が日本でいちばんなのは？

❶ 富山県　❷ 静岡県　❸ 愛媛県

クイズ84
ミカンの収穫量が
日本でいちばんなのは？

❶和歌山県 ❷愛媛県 ❸静岡県

クイズ85
国産のめがねわくの生産量が
日本でいちばんなのは？

❶福島県 ❷福井県 ❸福岡県

クイズ86
いちばん短い、一文字の
県庁所在地があるのは？

❶茨城県 ❷埼玉県 ❸三重県

クイズ81 の答え ❶ 地獄谷温泉

　富山県にある地獄谷温泉の標高は、2300mです。

クイズ82 の答え ❷ 3776m

　標高は3776mで、山頂には郵便局があります。

クイズ83 の答え ❷ 静岡県

　約14万t生産されています。緑茶などに加工されます。

クイズ84 の答え ① 和歌山県（わかやまけん）

平成（へいせい）29年のデータでは、和歌山県、愛媛県（えひめけん）、静岡県（しずおかけん）で全国の約（やく）半分（はんぶん）を占めています。

クイズ85 の答え ② 福井県（ふくいけん）

国産（こくさん）めがねわくのほとんどが、福井県（ふくいけん）で作（つく）られています。

クイズ86 の答え ③ 三重県（みえけん）

三重県（みえけん）の県庁所在地（けんちょうしょざいち）は「津（つ）」で、一文字（ひともじ）です。

クイズ87

富士山（ふじさん）が見（み）えるいちばん遠（とお）い場所（ばしょ）は何県（なにけん）にある？

① 和歌山県（わかやまけん）　② 鳥取県（とっとりけん）　③ 島根県（しまねけん）

クイズ88

いちばん低（ひく）い火山（かざん）、笠山（かさやま）の高（たか）さは？

① 12m　② 112m　③ 152m

クイズ89

人（ひと）がすんでいる島（しま）がいちばん多（おお）いのは？

① 広島県（ひろしまけん）　② 東京都（とうきょうと）　③ 長崎県（ながさきけん）

 **クイズ90**
いちばん新しい山は平成新山。
いつできた山？

① 平成元年　② 平成3年　③ 平成6年

 **クイズ91**
日本でいちばん長い村、
十島村。約何km？

① 160km　② 360km　③ 560km

 **クイズ92**
日本でいちばん南にある、
天然雪のスキー場は何県にある？

① 大分県　② 宮崎県　③ 鹿児島県

クイズ87 の答え ① 和歌山県

和歌山県の妙法山の富士見台から、322.6km
はなれた富士山が見えます。

クイズ88 の答え ② 112m

山口県萩市にある笠山は、標高112mの活火山です。

クイズ89 の答え ③ 長崎県

長崎県には55の有人島があります。
（面積1000km²以上を島とした場合）

クイズ90 の答え ② 平成3年

平成3年、雲仙普賢岳の噴火でできました。標高1482.7mです。

クイズ91 の答え

①160km

有人島7つ、無人島5つからなる村です。

十島村

沖縄

クイズ92 の答え ②宮崎県

宮崎県の五ヶ瀬ハイランドスキー場が最南端です。

卵も固まる56.7℃

かわった形をした岩や地形、塩の湖、砂漠などが広がって、国立公園になっているよ。

①アメリカ合衆国・デスヴァレー

②リビア・アジージーヤ

③イラク・バスラ

暑さ いちばん! の場所は?

1913年7月10日、56.7℃という世界最高気温が記録されたのは、どこでしょう。

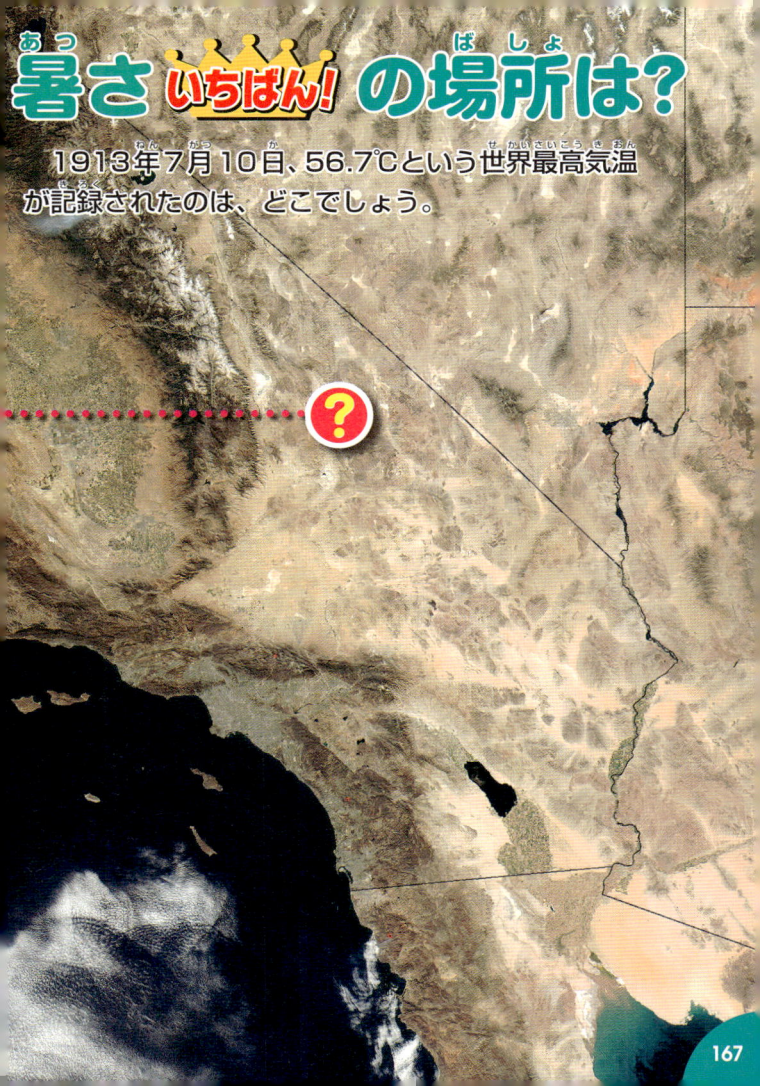

暑さ いちばん！
アメリカ合衆国・
デスヴァレー 56.7℃！

56.7℃という卵が固まり始めるほどの暑さを記録したのは、アメリカ合衆国カリフォルニア州中部にある盆地、デスヴァレーです。

日本
熊谷市

アメリカ合衆国
デスヴァレー

アメリカ合衆国

デスヴァレー

70℃

56.7℃

0℃

-100℃

昼間は高温になる砂漠地帯

　地球の北半球の北緯20～30度と南半球の南緯20～30度のあたりは、熱くかわいた空気が地面に下りてくるので、砂漠が広がっています。最高気温を記録したデスヴァレーもまさにそんな地域にあります。また、内陸部ではあたたかい空気がたまりやすく、熱がにげにくいことも高温になる理由のひとつです。

バッドウォーター

　デスヴァレーにある塩の湖。海抜は−86mで北アメリカ大陸でいちばん低く、デスヴァレーの中でとくに気温が高いところです。夏には水分が蒸発して、白い塩の結晶だけが残ります。

暑さの日本記録

　2018年7月23日に埼玉県熊谷市で記録された41.1℃です。それまでは2013年8月12日に高知県四万十市で記録された41.0℃でした。どちらも熱がにげにくい地形といえます。

熊谷市

日本

寒さ いちばん！
南極大陸の最低気温は？

南極大陸のヴォストーク基地で観測された最低気温は何℃でしょう。

南極大陸の立体画像とヴォストーク基地の場所

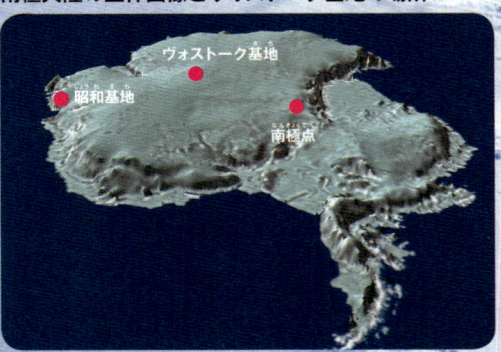

ヴォストーク基地

昭和基地

南極点

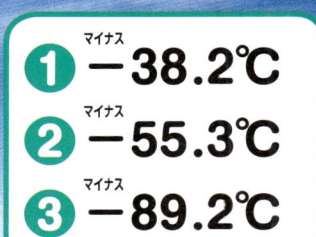

① マイナス −38.2℃

② マイナス −55.3℃

③ マイナス −89.2℃

南極の最高気温

　寒さをほこる南極でも、季節によっては意外に温度が高くなります。南半球の夏にあたる1974年1月5日には、海岸近くで14.6℃まで上がりました。

70℃

14.6℃

0℃

-100℃

寒さ いちばん!
南極大陸
マイナス
−89.2℃

ヴォストーク基地（南極）

■基地の国籍：ロシア連邦 ■位置：南緯78度28分、東経106度52分 ■標高：3488m ■平均気温：−55.3℃

ロシアの南極観測基地で、標高約3500mにあります。内陸部の高い場所にあることも寒さがきびしくなる理由と考えられています。

※近年、人工衛星からの観測により、南極の中央付近標高3800mの地表面で、−98℃が推定されたという報告があります。

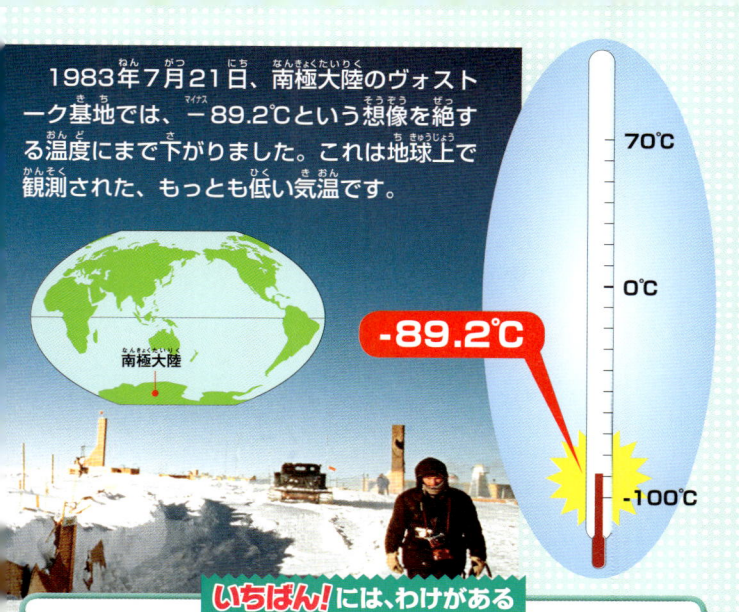

1983年7月21日、南極大陸のヴォストーク基地では、－89.2℃という想像を絶する温度にまで下がりました。これは地球上で観測された、もっとも低い気温です。

70℃

0℃

-89.2℃

-100℃

南極大陸

いちばん！には、わけがある

極地は太陽の光が弱い！

　極地の冬が寒いのは、太陽がほとんど地面を照らさないからです。逆に夏は、太陽がほとんどしずみませんが、高度が低く、光が弱くて十分にあたたまらないことなどから、気温も上がりません。また、南極は北極よりも平均気温が20℃くらい低くなります。

冬の太陽の連続写真

　冬の南極では、太陽が出ても、すぐしずみます。真冬は、太陽が出ません。

世界一雨の多い地域として知られ、1年間に2万6461㎜もの雨の量を観測したのは、どこでしょう。

1年間に2万6461㎜！
雨の多さ いちばん！ は？

1 日本・屋久島

2 インド・チェラプンジ

3 フランス領・レユニオン島

夏になると、海から運ばれてきた湿った雨雲が大量の雨をふらすよ。

雨の多さ いちばん！
1年間に2万6461mm！
インド・チェラプンジ

↓人工衛星から見たインドのメガラヤ州付近

インド東北部のメガラヤ州チェラプンジは、1860年から翌年にかけての1年間に2万6461mmという雨の量を観測しました。

カシ山地
●チェラプンジ
バングラデシュの大平原
ベンガル湾

いちばん！には、わけがある

ベンガル湾からの雨雲が雨をふらす

メガラヤ州のカシ山地の南には、バングラデシュの大平原があり、その先にベンガル湾があります。夏になると、ベンガル湾から湿気をたっぷりとふくんだ雨雲が風に乗り北に向かって運ばれてきます。そしてカシ山地にそって上昇し、雨雲が大きくなることで、そこに大量の雨をふらすのです。

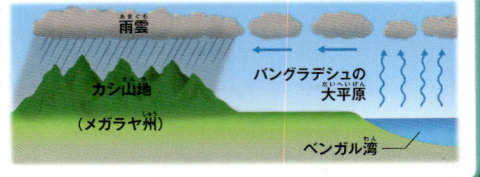

雨雲
カシ山地
（メガラヤ州）
バングラデシュの大平原
ベンガル湾

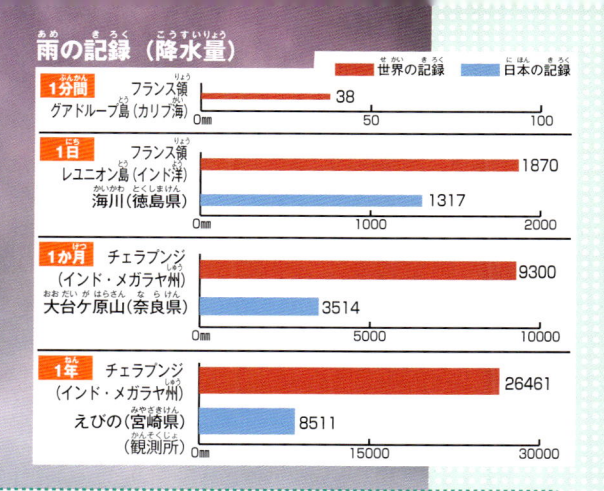

雨の記録（降水量）

凡例: 世界の記録 / 日本の記録

1分間		
フランス領グアドループ島（カリブ海）	38

1日	
フランス領レユニオン島（インド洋）	1870
海川（徳島県）	1317

1か月	
チェラプンジ（インド・メガラヤ州）	9300
大台ケ原山（奈良県）	3514

1年	
チェラプンジ（インド・メガラヤ州）	26461
えびの（宮崎県）（観測所）	8511

雨の日本記録

日本では、毎年平均して約1700mmの雨がふります。でも各地にまんべんなくふるのではなくて、地域によって差があります。宮崎県えびの市では1993年の1年間に8511mmの雨が観測されました。また、鹿児島県の屋久島は、毎年平均して6000mm以上の雨がふります。

屋久島 高い山々に南から湿気の多い風があたり、雨をふらします。

屋久島

世界一の豪雪都市

冬の日本海側は、雪がたくさんふることで世界的に有名です。特に青森市は世界一の豪雪都市といわれていて、1年間にふる雪の量が8m近くになります。

青森市内の雪 雪国では、雪のかたづけ作業は生活の一部です。

青森市

ちゅうしん き あつ　　　ヘクトパスカル
中心気圧：870hPa

1979年10月、中心気圧が
870hPaを記録した史上最強の
台風が日本をおそいました。こ
の台風の名前はどれでしょう。

写真：国立情報学研究所「デジタル台風」

台風の強さ いちばん！ は？

1 第10号台風（フォレスト）

2 第20号台風（チップ）

3 ハリケーン・ウィルマ

このとても大きな雲が、中心気圧870hPaを記録したときの台風だよ。

台風の強さ **いちばん！**

中心気圧：**870hPa**

第20号台風

日本の南の海上は、世界でもっとも多くの台風が生まれる場所で、毎年そこから台風が日本にやってきます。なかでも第20号台風（チップ）は、中心気圧がいちばん低い地上最強の台風でした。

いちばん！には、わけがある

熱帯の海で台風が生まれるわけ

台風のエネルギーのもとになるのは水蒸気です。赤道近くの熱帯の海は、つねに水蒸気が立ちのぼり次々と雲が生まれます。この雲がさらに水蒸気を集め、やがて熱帯低気圧から台風にまで発達するのです。海水温が高く、水蒸気がたくさん発生すると、台風はさらに発達します。

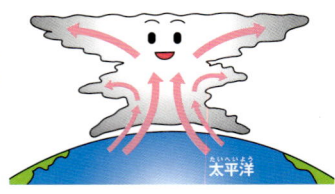

太平洋

台風の中心気圧比べ

順位	名前	気圧(hPa)	国際名	観測された年月日
1	第20号台風	870	チップ	1979年10月12日
2	第15号台風	875	ノラ	1973年10月6日
3	第10号台風	877	フォレスト	1983年9月23日
3	第20号台風	877	ジューン	1975年11月19日
3	第22号台風	877	イーダ	1958年9月24日
6	第26号台風	878	リタ	1978年10月25日
7	ハリケーン・パトリシア	879	パトリシア	2015年10月23日
7	第22号台風	879	バネッサ	1984年10月26日
9	第4号台風	880	キット	1966年6月26日
10	ハリケーン・ウィルマ	882	ウィルマ	2005年10月19日

人工衛星から見たハリケーン
2006年9月、西大西洋に発生したハリケーン・フローレンス。中心付近に台風の目が見えています。

北と南でうずまきの方向が逆

台風を上から見るとうずまきが時計と反対まわりです。でも南半球で生まれるサイクロン（インド洋や南西太平洋での台風のよび名）は、うずまきが時計まわりです。

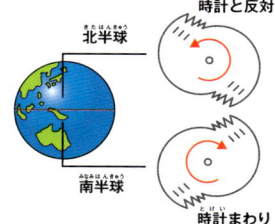

時計と反対まわり

北半球

南半球

時計まわり

1年間に6000万回

毎年約6000万回も雷が発生するといわれている国は、どこでしょう。

1 イギリス
2 ロシア
3 ブラジル

雷の多さ いちばん！ は？

雷を起こす雲が
できやすく、
雨が多い国だよ。

雷の多さ いちばん！

ブラジル
1年間に6000万回

熱帯雨林が広がるブラジルでは雷が多く、雷が送電線によく落ちるので、停電がとても多いといわれています。

いちばん！には、わけがある

熱帯雨林と広い国土

ブラジルに広がる熱帯雨林は、気温が高く、大きな川もあるので雲ができやすく、雨も多いところです。雷を起こす雲（積乱雲）も次々に生まれていて、雷もひっきりなしに起きています。雷は広い国土のあちこちで起きるため、ブラジル全体では、すごい回数になります。

人工衛星から見たアマゾン川と熱帯雨林

ブラジル

ブラジルと雷

■国土の面積：851万1965㎢（日本の約23倍）■1年間の雷の回数：約6000万回 ■雷の多い地域：南東部と南部、ゴイアス州、マト・グロッソ州など

雷のエネルギー

雷が落ちると、ときには人が死ぬこともあります。雷のエネルギーはとても大きいのです。雷が1回落ちたときの電気で、100ワットの電球1万個を1時間つけておくことができるといわれています。

雷を起こす積乱雲

積乱雲（入道雲）の中では、氷のつぶがはげしくぶつかりあっていて、そこにプラスとマイナスの電気が生まれます。やがて雲の下のほうに集まったマイナスの電気が、一定の量をこえると、地面にたまったプラスの電気との間で放電という現象を起こし、稲妻となって光ります。これが雷です。

上空から見た雷雲 写真は積乱雲が発達して上のほうが広がり平らになったかなとこ雲です。金属の加工に使われる「金床」という道具に形が似ているのでこの名がつきました。

鉄道の速さ いちばん!

超電導リニアは、磁石の力を利用して走る新幹線です。その最高速度は時速何kmでしょう?

東海道新幹線の2倍以上の速さで走るよ。

<ruby>超<rt>ちょう</rt></ruby><ruby>電<rt>でん</rt></ruby><ruby>導<rt>どう</rt></ruby>リニア L0系の<ruby>速<rt>はや</rt></ruby>さは？

❶ <ruby>時速<rt>じそく</rt></ruby>203km

❷ <ruby>時速<rt>じそく</rt></ruby>403km

❸ <ruby>時速<rt>じそく</rt></ruby>603km

鉄道の速さ いちばん！
超電導リニアL0系
時速603km

JR東海のL0系は2027年に開業をめざしている「リニア中央新幹線」として走る予定です。高速域走行試験では時速603kmを記録しました。

超電導リニアL0系 ■全長：299m×全幅：2.9m×全高：3.1m（12両編成）■営業最高速度500km/h ■定員68名（中間車）■生産国：日本

いちばん！には、わけがある
磁石の原理でういて走る

磁石の同じ極どうしを近づけると、おたがいに反発しあいます。超電導リニアの中にも、電磁石が組みこまれています。電気が流れると「上に引く力」と「下からおし上げる力」がはたらくので、うき上がります。前に進むときは、ガイドウェイの電磁石のS極とN極が次々と入れかわります。

うき上がる
上に引く力
下からおし上げる力

前に引く力　前におす力
前に進む
ガイドウェイ

いろいろな鉄道（てつどう）の いちばん！

N700系（エヌ）新幹線（けいしんかんせん）

長（なが）さ404.7m

　長いノーズが持（も）ちょうの新幹線（しんかんせん）です。最大（さいだい）で16両編成（りょうへんせい）になります。定期的（ていきてき）に運行（うんこう）している高速鉄道（こうそくてつどう）としては、世界（せかい）でいちばんの長（なが）さです。

E4系（イー）新幹線（けいしんかんせん）

定員（ていいん）1634名（めい）

　全部（ぜんぶ）の車両（しゃりょう）が2階建（かいだ）ての新幹線（しんかんせん）です。ふだんは8両編成（りょうへんせい）です。連結（れんけつ）して16両（りょう）のときの座席（ざせき）の数（かず）は、世界（せかい）でいちばんです。

上海（シャンハイ）トランスラピッド　　時速（じそく）431km

　中国（ちゅうごく）の上海（シャンハイ）を走（はし）っているリニアモーターカーです。実験用（じっけんよう）の列車（れっしゃ）以外（いがい）では、世界（せかい）でいちばん速（はや）く走（はし）ります。

タイヤ いちばん！

キャタピラー797Fは、世界最大級（せかいさいだいきゅう）のダンプトラックです。この大型（おおがた）ダンプトラック専用（せんよう）のタイヤは、直径（ちょっけい）何（なん）mあるでしょう？

キャタピラー797F[エフ]の タイヤの大[おお]きさは？

1 約[やく]1m
2 約[やく]4m
3 約[やく]8m

重[おも]い車体[しゃたい]をしっかりささえる

キャタピラー797F[エフ]の重[おも]さは600tをこえます。車体[しゃたい]をささえるタイヤも大[おお]きく、じょうぶにつくられています。日本[にほん]のブリヂストンが開発[かいはつ]した、このタイヤは、1本[ほん]につき101tの重[おも]さをささえることができます。

タイヤ いちばん！ キャタピラー797F 直径4.02m

キャタピラー797Fのタイヤは、直径4.02mもある世界でいちばん大きいタイヤです。また、車の最高出力は2983kwもあり、こちらも世界でいちばんです。

キャタピラー797F

■全長：15.08m × 全幅：9.755m × 全高：7.709m
■総重量：623.7 t（最大）■定員：2名
■生産国：アメリカ

アフリカゾウ50頭分の土を運べる

大きな鉱山では、一度にたくさんの土砂を運べる大型ダンプトラックが活やくしています。キャタピラー797Fは363 t分の土砂をのせることができます。アフリカゾウだと、約50頭のせることができます。

キャタピラー797F　→　アフリカゾウ　約50頭

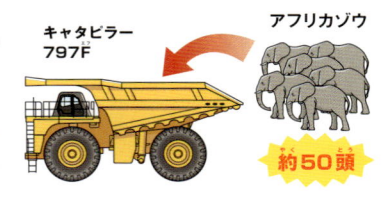

いろいろな自動車の いちばん！

スラストSSC
時速1228km
初めて音速をこえて走った自動車です。細長い車体の両がわに、大きなジェットエンジンがついています。

コマツD575A
重さ131.35 t
世界最大のブルドーザーで、大きな鉱山ではたらきます。とても重いので、バラバラに分解してから運びます。

ブガッティ・ヴェイロン16.4
時速431.072km
いちばん速く走るスポーツカーのひとつです。最高出力は882kWです。スタートから2.5秒で時速100kmになります。

客船 いちばん！

シンフォニー・オブ・ザ・シーズは世界でいちばん大きなクルーズ客船です。船内にはショッピングセンターやプール、劇場などがあります。この船の全長は何mでしょう？

シンフォニー・オブ・ザ・シーズの大きさは？

船の後ろがわは、大きな劇場になっているよ！

1 72m
2 362m
3 634m

客船 いちばん! シンフォニー・オブ・ザ・シーズ
全長362m

シンフォニー・オブ・ザ・シーズは、全長362m、全幅65m、総重量22万8千tです。

シンフォニー・オブ・ザ・シーズ
- ■全長362m×全幅65m
- ■総重量22万8081t
- ■乗客定員5494名 ■造船国：フランス

歩いて約5分25秒、自転車でも約1分27秒

東京タワー（約333m）とほぼ同じ長さです。ヘ先から船尾まで歩いたとすると、約5分25秒もかかります。自転車に乗ったとしても約1分27秒です。

シンフォニー・オブ・ザ・シーズ

自転車で走ると（時速15km）　1分27秒

歩くと（時速4km）　5分25秒

いろいろな船の いちばん！

天然ガス作業船「プレリュード」
全長488m

　韓国でつくられた世界最大の船です。荷物や乗客を運ぶ船ではなく、海の上で天然ガスの生産・貯蔵・積み出しなどを行う施設です。

■全長488m×全幅74m
■総重量60万t

有人潜水調査船「咬竜号」
もぐる深さ7062m

■全長8.2m×全幅3.0m×全高3.4m

　中国の咬竜号は、深海のひみつを調べるためにつくられた潜水調査船です。2012年、太平洋のマリアナ海溝で7062mの深さまでもぐりました。

いちばん！には、わけがある

ゆったりと船の旅を楽しむため

　クルーズ客船は、移動することよりも、海の旅そのものを楽しむためにつくられた船です。「海の上を走るホテル」といえます。船内には広々とした客室のほかに、さまざまな施設があります。長い旅でもたいくつしません。

■監修

動物科学研究所所長　今泉忠明

東京農業大学教授　岡島秀治

東京航空地方気象台台長　饒村曜

国立科学博物館　真鍋真

東京農業大学教授　湯浅浩史

■写真
アニマルボイス社
アフロ
稲垣博司
内山りゅう
独立行政法人 宇宙航空研究開発機構
　（JAXA）
NHK
海老原美宏男
オアシス
OADIS
OPO
岡崎正人
独立行政法人 海洋研究開発機構
　（JAMSTEC）
香川県観光協会
NPO法人 気象キャスターネットワーク
キャタピラージャパン株式会社
株式会社 京田クリエーション
極地研＝PANA
久保秀一
ゲッティ・イメージズ
国土交通省
国立情報学研究所「デジタル台風」
株式会社 小松製作所
小宮輝之
佐野高太郎
滋賀県
時事
shutterstock
シンガポール航空
関野吉晴
田口精男
富山県
中村泉
NASA
ニコル・レーシング・ジャパン株式会社

藤原尚太郎
pixta
PPS通信社
毎日新聞社
株式会社 ミウラ・ドルフィンズ
株式会社 ミキ・ツーリスト
湯浅治史
与古田松市
ロイヤル・カリビアン
　・インターナショナル
和歌山県
GIN

■イラスト・図版
いずもり・よう
今田貴之進
興津ふじ子
小田隆
オフィス・イディオム
柏崎義明
川下隆
黒木博
今野恵一
東京カートグラフィック株式会社
中倉眞理
日本グラフィックス
橋爪義弘
藤井康文
平野恵
マカベアキオ
吉見礼司

■昆虫標本協力
岸田泰則
永井信二

■協力
株式会社　大林組
独立行政法人
　海洋研究開発機構
　（JAMSTEC）
東武タワー スカイツリー
株式会社
東武動物公園
株式会社 ミウラ・ドルフィンズ

■編集協力
オフィス・イディオム
　（松本義弘・大沼津代志・
　多田真理子・山崎充貴）
Studio Porcupine
　（川嶋隆義・寒竹孝子）
田口精男
藤原尚太郎
三品隆司

■校正
タクトシステム

■装丁・デザイン
神戸道枝

■レイアウト
神戸道枝
友田和子
松本久代

■編集
松下清（編集長）
鈴木一馬
百瀬勝也
西川寛
牧野嘉文

学研の図鑑 LIVE
いちばん！の クイズ図鑑
改訂版

2012年12月19日　第1刷発行
2019年　4月30日　改訂版 第1刷発行

発行人　黒田隆暁
編集人　芳賀靖彦
発行所　**株式会社　学研プラス**
　　　　〒141-8415
　　　　東京都品川区西五反田2-11-8
印刷所　共同印刷株式会社

■この本に関するお問い合わせ先
●本の内容については
　Tel：03-6431-1283（編集部直通）
●在庫については
　Tel：03-6431-1197（販売部直通）
●不良品（乱丁、落丁）については
　Tel：0570-000577
　学研業務センター
　〒354-0045
　埼玉県入間郡三芳町上富279-1
●上記以外のお問い合わせは
　Tel：03-6431-1002
　（学研お客様センター）

■学研の書籍・雑誌についての新刊情報・
　詳細情報は、下記をご覧ください。
　学研出版サイト
　https://hon.gakken.jp/

お客様へ
＊表紙の角が一部とがっていますので、お取り
扱いには十分ご注意ください。

100問クイズ
おつかれさま！

何問できたかな？

キミの点数は？

点